中国志留系若干问题的探讨

林宝玉　黄枝高　李　明　武振杰　著

中国及邻区海陆大地构造研究

古生代若干无脊椎动物化石及地层调查　　　联合资助

古生物标准化石数据库建设

科学出版社

北　京

内 容 简 介

本书全面地论述扬子地台区的志留系，特别是文洛克统、拉德洛统和普里多利统；确认扬子地台区的志留系四个统发育齐全，是我国志留系乃至东亚志留系的标准地区；建立起扬子地台区海相红层的系列。首次确认兰多弗里统鲁丹阶、埃朗阶和文洛克统海相红层的存在；除浅水海相红层外，还首次报道了深水和半深水海相红层，并进行了国际对比。对中国地层表（2014）扬子区志留纪"特列奇阶"进行剖析，指出其中除包括特列奇期地层外，还包括文洛克世、拉德洛世和普里多利世早期地层；更正文洛克世—拉德洛世戈斯特期海平面升降曲线不是处于陆地状态；论述扬子地台区志留纪整体上升的时代是在志留纪末，是由黄汲清教授于 1945 年首次提出的。此外，还对特列奇期末"扬子上升事件"、拉德洛世晚期"曲靖下降"、扬子地台的古地理、曲靖海湾的海侵方向以及扬子地台的研究史等进行了剖析。

本书是近年来第一部对扬子地台已报道的志留系的新资料进行系统总结的专著，对中国地质工作者，特别是扬子地台区各省区的地质工作者在生产实践和修编第二代各省市（自治区）地质志中，正确使用地层表志留系部分，具有重要的指导意义，对科研教学工作也有一定的参考价值。

图书在版编目（CIP）数据

中国志留系若干问题的探讨 / 林宝玉等著. —北京：科学出版社. 2017. 11

ISBN 978-7-03-055587-8

Ⅰ. ①中… Ⅱ. ①林… Ⅲ. ①杨子板块–志留纪–研究 Ⅳ. ①P534.43

中国版本图书馆 CIP 数据核字（2017）第 285862 号

责任编辑：韦　沁 / 责任校对：何艳萍

责任印制：张　伟 / 封面设计：北京东方人华科技有限公司

科 学 出 版 社 出版

北京东黄城根北街 16 号
邮政编码：100717
http://www.sciencep.com

北京九州迅驰传媒文化有限公司 印刷
科学出版社发行　各地新华书店经销

*

2017 年 11 月第 一 版　开本：720×1000　1/16
2017 年 11 月第一次印刷　印张：8 1/2
字数：204 000

定价：89.00 元
（如有印刷质量问题，我社负责调换）

序

地层古生物学是大地构造研究的重要基础之一，志留系是下古生界最后一个系，在地质构造演化过程中占据重要的位置。在我国南方的许多地区，尤其是扬子地台，志留系与上古生界的泥盆系、石炭系或二叠系之间往往有一个明显的间断或不整合，这是受到加里东运动影响造成的。我国著名的大地构造学家黄汲清院士在中国大地构造的奠基工作，《中国主要地质构造单位》（Huang，1945）中，首次提出"在志留纪的末期""扬子地台整个上升"，就是根据志留系与上古生界之间的沉积间断。

扬子地台的志留系的层序和时代的仔细厘定是确定扬子地台加里东运动发生时限的关键。中国的一些地质学家，如尹赞勋教授（1949，1996）和穆恩之教授（1962）等对中国的志留系曾做过部分地区或全国性的总结，为中国志留系的研究奠定了良好的基础。之后，著名地层古生物学家尹赞勋教授（1966）也支持志留纪末期扬子地台区域隆升的认识。

20世纪70～80年代，部分地质学家进一步对志留系进行了系统全面的工作（林宝玉，1979，1989；穆恩之等，1982；林宝玉等，1984；Mu *et al*.，1986），大多数学者都认为扬子地台志留系四统发育齐全，可作为中国志留系划分的标准地区之一。然而到了20世纪90年代，戎嘉余教授等（1990），陈旭教授等（1996）认为，扬子地台除滇东发育拉德洛统上部和普里多利统外，整个扬子地台仅有兰多弗里统，文洛克统（即拉德洛统和普里多利统在扬子地台区不存在），因此，在"兰多弗里世末"扬子地台已整体抬升，并提出了特列奇期末"扬子上升"和拉德洛世后期"曲靖下降"的两个新理念（戎嘉余等，1990；陈旭等，1996）。

新理念的提出，引起了许多学者的广泛关注，支持和反对的观点并存。部分古生物地层学方面的专家依据地层和化石的证据，对新理念提出了质疑（林宝玉，1991；林宝玉等，1998；耿良玉等，1999），质疑焦点在于扬子地台文洛克统、拉德洛统和普里多利统是否缺失。

近20多年来，随着地质工作的手段和方法的多样化，扬子地台志留系的研究成果大量被报道，很多研究成果证实，扬子地台广泛发育文洛克统、拉德洛统和普里多利统，扬子地台整体抬升的时代是志留纪末期，与黄汲清院士的观点一致。

林宝玉教授等的新著《中国志留系若干问题的探讨》，就是对近20年来，扬子地台志留系最新进展的系统总结，并在我国首次进行了扬子地台志留系四统的海相红层及其与国际同期地层的对比的研究。这本书为国内外古代海相红层的研究提供了重要的基础研究数据，对海相红层研究工作起到了推动作用。

相信该书的出版，对于地层古生物工作者，大地构造学者，地质科研单位、教学单位师生及有关省市地质工作者都具有重要的参考价值。特此推荐。

2017 年 11 月

目　　录

Contents

第一篇　扬子地台志留系若干问题——兼论其整体抬升的时代[*]

林宝玉[1]　黄枝高[1]　李　明[1,2]　武振杰[1]

（1.中国地质科学院地质研究所；2.地层与古生物重点实验室）

绪　　言

　　扬子地台志留系的研究已有 100 多年的历史。随着对该区地层和古生物的深入研究，特别是对志留纪牙形石、几丁虫等生物群的进一步研究，许多地层的时代得到了进一步的确认，一些过去认为属文洛克统—普里多利统[①]，如罗惹坪组、纱帽组，改属于兰多弗里统上部，又如过去生物群研究较好的文洛克统秀山组改属兰多弗里统上部；同时，滇东地区的志留纪地层中牙形石 *Ozarkodina crispa* 的发现也为滇东地区志留系各组年代的确定提供了较准确的依据，这些都说明扬子地台区志留系的研究得到了进一步的发展。

　　但是，于此同时，有些研究者对中国志留系的标准在华南的标准性产生了怀疑。他们认为，扬子地台内部志留系最高层位还未到文洛克统，除滇东等少数地区有拉德洛—普里多利统外，扬子地台内部不存在文洛克统—普里多利统。据此，进而提出"特列奇期末"扬子地台整体上升的理念（戎嘉余等，1990；陈旭等，1990；陈旭、戎嘉余，1996；Rong and Chen，2003）。最近，更进一步认为"扬子地台志留系底界的不断'下压'和拉德洛统—普里多利统的不断发现，成为近30 年来本区志留系研究不断深化进步的两大主要标志，从另一角度考虑，上述现象也说明扬子区地台相的志留系实际上是由两部分组成的，下部为兰多弗里统（扬子区陆表海域广为分布），上部为拉德洛统—普里多利统（大部分布在华南板块的边缘海湾），两者之间在绝大部分地区是假整合接触，中间缺失文洛克统"（戎嘉余等，2017）。

　　目前，对于扬子地台"特列奇期末"整体上升的理念，许多学者持有不同的

　　*"中国及邻区海陆大地构造研究"（编号 12120113013700）、"古生代若干无脊椎动物化石及地层调查"（编号 1212001102000150010-08）及"古生物标准化石数据库建设"（编号 1212011102000150006）联合资助。
　　①志留系统、阶译名据中国地层表，2014。

看法，对是否缺失文洛克统表示怀疑。许多学者提出了扬子地台存在文洛克统的证据，主要证据有如下几点：

（1）1989 年，金淳泰等在川西二郎山地区发现完整连续的志留系剖面，其下与奥陶系整合接触，其上与泥盆系整合接触，其中兰多弗里统各组生物化石齐全，在其上部的洒水岩组中发现牙形石 *Ozarkodina crispa* 等拉德洛统带化石，因而认为该区存在文洛克统，否定了扬子地台除滇东之外，不存在文洛克统以上地层的看法。

（2）1991 年，林宝玉曾根据金淳泰等 1989 年的发现，对扬子地台不存在文洛克统提出质疑，并认为金淳泰等建立的岩子坪组应属于文洛克统，依据是其下伏爆火岩组含兰多弗里世秀山组的牙形石和其上覆洒水岩组含拉德洛统牙形石 *Ozarkodina crispa* 等化石，岩子坪组与其下伏、上覆地层均呈整合接触，并将岩子坪组（其顶底均含海相红层）与扬子地台腹部地区的回星哨组等作了进一步的对比，而且还质疑滇东地区所发现的非 *Ozarkodina crispa* 种的典型分子的时代是否也仅限于拉德洛世晚期。

（3）1992 年，金淳泰等对四川广元地区的志留系又有重要的发现，在宁强组之上建立了金台观组、车家坝组和中间槠组。在车家坝组和中间槠组中发现牙形石 *Ozarkodina crispa* 等拉德洛统带化石，地层剖面连续，并认为宁强组（相当于陈旭等的神宣驿段）和金台观组属于文洛克统，从而再一次在滇东之外发现文洛克统——普里多利统的存在。

（4）1997 年，Geng 等发表了扬子地台志留纪几丁虫的专著，又一次在滇东之外的湖南张家界、江苏南京江宁区坟头、江苏句容、江苏北部泰州和大丰等地的露头和井下发现文洛克统、拉德洛统、普里多利统的几丁虫化石带，其中在湖南张家界小溪峪组上部建立文洛克统申伍德阶 *Conochitina visbyensis* 带，侯默阶的 *Lambdochitina tabernacilifera* 带和拉德洛统中部的 *L. crassispina* 带；在江苏江宁坟头组顶部和江苏句容井下坟头组上部建立了拉德洛统的 *Angochitina sinica* 带。在江苏泰州、大丰井下坟头组上部建立了 *Fungochitina kosovensis* 带和江苏大丰井下建立了文洛克统申伍德阶的 *Angochitina ansarviensis* 带和 *Cingunochitina cingulata* 带和拉德洛统的 *Grahnichitina philipi* 带，再一次冲击了扬子地台除滇东之外无文洛克统以上地层的看法。

（5）1998 年，在《中国地层典——志留系》一书中，林宝玉等对于扬子地台除滇东之外无文洛克统以上地层再次质疑，并提出川西岩子坪组、川北金台观组中下部、岳家山组、回星哨组属于文洛克统，对编制同一书的扬子地台条目的作者认为扬子地台本部无文洛克统的观点提出不同的看法，这在同一书中有两种绝然不同的观点编写可能以往还很少见到。

（6）1999 年，耿良玉等根据扬子地台几丁虫的新发现再次对扬子地台本部无文洛克统以上地层的观点提出新证据，认为在湖北崇阳一带在秀山动物群之上的地层中不仅产出文洛克统的几丁虫，也产出拉德洛统的几丁虫，从而认为扬子地台广泛发育文洛克统—普里多利统，进一步否定"特列奇期末"扬子地台整体上升的理念。

（7）2010 年，王怿等在张家界小溪峪组近顶部发现拉德洛世—普里多利世早期的植物碎片化石，从而补充了耿良玉等将小溪峪组近顶部划归拉德洛世—普里多利世的证据，与此同时王怿等还否定了耿良玉等认为小溪峪组上段包括文洛克统，并将小溪峪组一分为二：上段顶部含植物化石部分称之为"小溪组"，其下部称之为"回星哨组"，两组之间为平行不整合接触。

在 2013 年第四届全国地层会议上，陈孝红经过实地考察对王怿的看法给予否定。主要依据有两点：一是王怿等的小溪组与回星哨组界线上下的几丁虫完全一样，没有区别，二是小溪组与回星哨组之间是连续沉积，又一次论证了耿良玉等在小溪峪组中划分出文洛克统的正确性，也再一次否定了扬子地台本部缺失文洛克统以上地层的观点。

（8）2011 年，王怿等报道了重庆秀山回星哨组命名剖面的回星哨组上段产出植物碎片化石，并且，回星哨组上段的植物碎片化石与湖南张家界小溪峪组上段、江苏北部大丰坟头组顶部以及四川广元金台观组上部和车家坝组下部的植物碎片化石时代相同，都为拉德洛世—普利多利世早期。尽管王怿等还在坚持"特列奇期末"、"扬子上升"的观点，但回星哨组上段时代的确定，证实了回星哨组上段与中泥盆统之间的间断，即"扬子上升"时代应该是普里多利世早期之后，即志留纪末期。植物碎片的发现，也否定了扬子地台本部缺失文洛克世以上地层的观点。

（9）2011 年，黄冰等报道了在黔西赫章地区发现志留纪晚期小莱采贝动物群。证明黔西地区确实存在岳家山组相当的地层。从而使曲靖海湾向北延伸了130km。但是这个 *Retziella* 动物群仅见于该地志留系的上部距顶 20m 处。该地志留系上部为灰绿色泥岩，厚 120m；下部为紫红色泥岩，厚 109m。尽管黄冰等在文章中一再强调，赫章地区的志留系不能与回星哨组对比，而应与关底组对比。但事实上是赫章地区志留系（本书称之为狗飞寨组）仅其上段近顶部 20m可与岳家山组含 *Retziella* 动物群对比，而上段的下部厚约 100m 的绿色层和下段109m 的红色泥岩，不含 *Retziella* 动物群，不应与岳家山组对比，而仅能与菜地湾组（或回星哨组）的上段和下段对比。因此，狗飞寨组发现的最大意义是为滇东北大关的菜地湾组和滇东曲靖的岳家山组提供一个地层相接的桥梁，它是菜地湾组和岳家山组的过度类型，为滇东与滇东北志留系的对比提供了重要的联系点。从而也再一次否定了滇东与滇东北地层无联系，扬子地台缺失文洛克统以上地层的看法。

　　从上述一些新资料的发表说明，近 30 年来新资料的发表一再否定扬子地台"特列奇期末"整体上升，扬子地台"缺失文洛克统"，"扬子地台除滇东之外，缺失文洛克统以上地层"等看法。

　　根据云南省广大地质工作者已发表的实际资料，特别是扬子地台地区近期报道的新资料，本书拟对下列问题进行深入的讨论：①滇东（曲靖）海湾海侵的方向；②滇东志留系与扬子地台内部志留系的关系；③扬子地台的文洛克统；④"特列奇期末"扬子地台"扬子上升"和拉德洛统晚期"曲靖下降"是否存在等重大问题给予详细的讨论，并对今后扬子地台志留纪地层和古生物的研究提出建议。

　　可以相信，在不远的将来，也许在下一届全国地层会议之前，扬子地台志留系存在的诸多问题将会得到初步的解决。

　　本书在完成过程中，承蒙中国地质科学院地质研究所任纪舜院士给予鼎力支持，并仔细阅读文稿，提出宝贵意见；肖藜薇女士打印编排文稿；尤海鲁研究员和廖含英女士修致润色英文摘要；顾鹏硕士绘制图件；赵磊博士、郭彩清博士、薄婧方博士提供诸多帮助，作者在此深表感谢。书中引用了诸多作者和有关单位发表的资料，在此一并致谢！

一、滇东志留系的划分和海侵方向

　　关于滇东志留系的划分和海侵的方向目前还一直在争论中。在讨论滇东志留纪海侵方向之前，需要重述作者对该区志留系划分方案如下：

志留泥盆系	翠峰山组
普里多利统—	玉龙寺组
拉德洛统	妙高组
	关底组
拉德洛统—	岳家山组
文洛克统上部	

　　上述各组的含义林宝玉等在 1984 年的《中国的志留系》一书中已有详细的论述。为节省篇幅，本书不再重述。

　　关于岳家山组，作者在这里完全赞同云南省地质工作者的意见，将岳家山组作为独立的组，其理由如下：①岳家山组与关底组颜色不同，岳家山组颜色以黄绿色为主，夹少量薄层红层，而关底组则以红色为主，夹少量绿色层；②岳家山组与关底组分布范围不同，前者分布较窄，后者分布较广，均超覆于中寒武统之上，它们代表了不同时期海侵的产物（详情见后）。

　　滇东志留系出露于昆明市东南侧，长约 300km，曲靖一带最宽，向南变窄，呈北北东-南南西方向分布，北起沾益县菱角乡，向西南经曲靖市、嵩明县、宜良县，最南达弥勒县盘溪镇，呈一弧形露头分布，主要连续分布于沾益-宜良南一带，至宜良南出露宽度已不足 20km。弥勒县南盘溪镇至元江县东立吉露头之间有约 140km 未见志留系露头分布，沾益县北与滇东北昭通——镇雄志留系分布一线之间也有 180km 未见露头（林宝玉等，1984；图 1.1）。南北向川滇古陆与东西向滇黔桂古陆在此交汇，滇东的志留系正好位于其交汇处的对角线上（图 1.2、图 1.3）。

关于这一狭长分布的志留系海槽的海侵方向有两种不同的看法，一种是海水来自北面，即来自扬子海（林宝玉等，1984；图 1.4）。金淳泰等（1997）、万方等（2003）持相同的看法；另一种看法是海水来自西南方的外海元江一带，与扬子海不相通（Rong et al.，2003；王怿等，2010；黄冰等，2011；图 1.5）。

作者认为岳家山期、关底期和妙高期早期海水来自北面，也就是说来自扬子地台海，在志留纪末期，扬子地台中央升起，海水自内向外退出，滇东海槽才转化成向西南开口的海湾，理由如下。

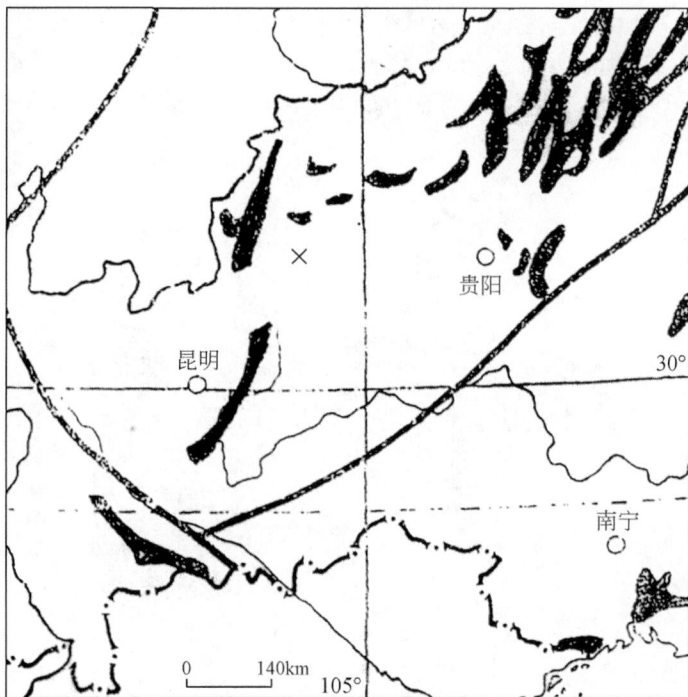

图 1.1 云南、贵州、四川志留纪地层露头分布图（部分）（据林宝玉等，1984）

昆明东侧显示志留纪地层露头分布，其南端和北端与其他志留纪地层露头均有一定距离，×处为新发现的赫章狗飞寨含岳家山组 *Retziella* 动物群露头，该露头与其北部盐津-大关露头仅有 30～50km 距离

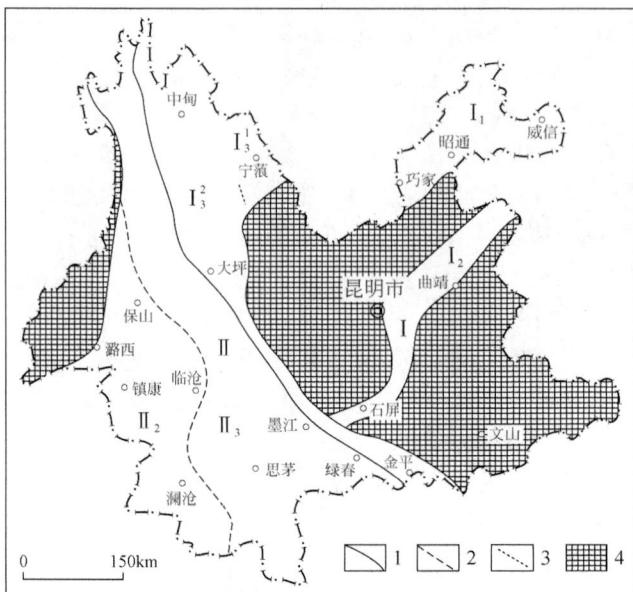

图 1.2　云南志留系分区图（据云南省地质矿产局，1990）

显示滇东地区志留系在昆明市以南迅速变窄，在石屏县以北至弥勒县盘溪镇之间无志留系露头分布，曲靖海槽通过黔西赫章地区与滇东北昭通-大关海相连

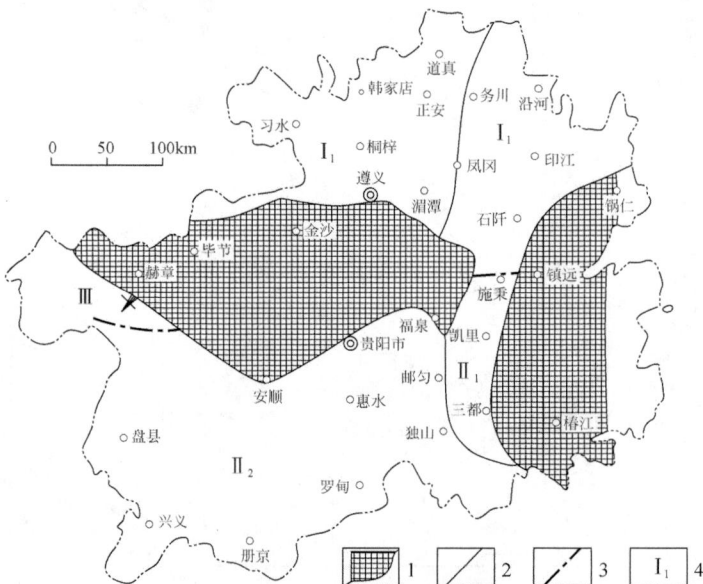

图 1.3　贵州志留系分区图（据贵州省地质矿产局，1987）

显示贵州西部赫章西南为志留纪，狗飞寨组沉积区（Ⅲ），滇东的岳家山组、关底组、妙高组和玉龙寺组等通过这里与滇东北昭通-大关地区志留纪沉积区相连。×赫章狗飞寨

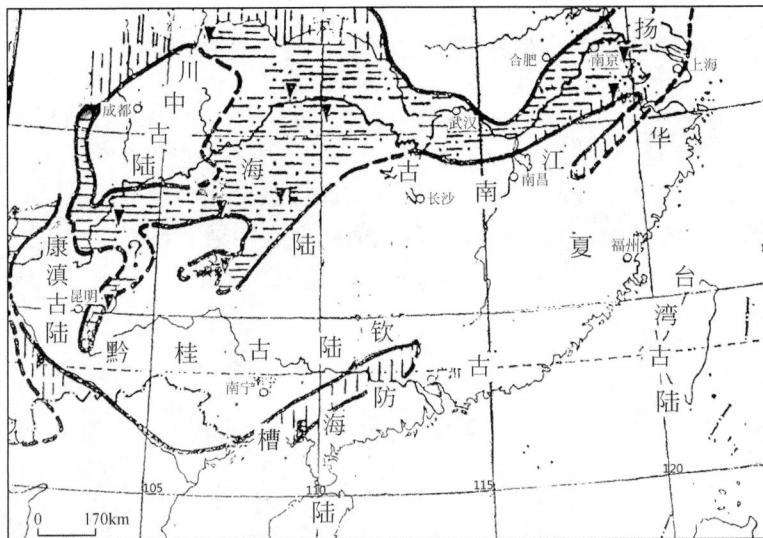

图1.4　中国南方文洛克世—拉德洛世古地理略图（部分）（据郭殿珩，见林宝玉等，1984，有修改）

左方康滇古陆东侧显示滇东（曲靖）海湾位置，有？处为贵州赫章地区，该处 *Retziella* 动物群的发现证明此地海槽相通

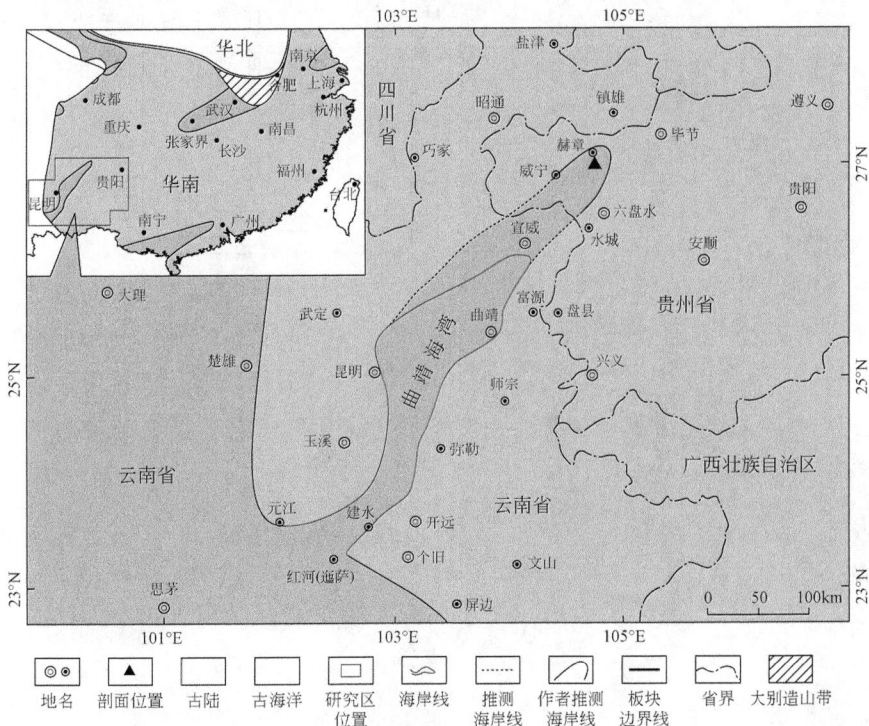

图1.5　云南东部和贵州西部志留纪拉德洛世晚期古地理图（据黄冰等，2011）

赫章狗飞寨地区 *Retziella* 的发现证明此地的志留系与昭通-镇雄一带志留系海域相连

1. 地层分布证据, 志留纪地层由东北向西南系列超覆

（1）"岳家山组仅分布于曲靖-宜良一带"（《云南省区域地质志》，92 页；图 1.6）。

（2）"关底组在曲靖一带与岳家山组相依出露，在宜良以南则超覆于中寒武统之上"（《云南省区域地质志》，92 页），即岳家山组的分布范围小于关底组，随着关底组海侵的扩大，关底组在宜良以南超覆在中寒武统之上。

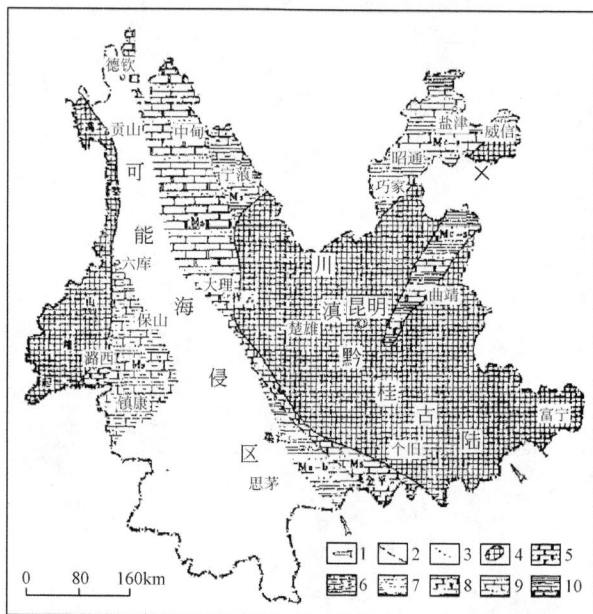

图 1.6　云南志留纪岳家山期岩相古地理略图（据云南省地质矿产局，1990）

显示岳家山组分布范围和海侵方向来自滇东北大关，经贵州赫章西南进入滇东地区，此时滇、黔、桂古陆连成一片。岳家山组沉积最南仅达昆明市东南宜良县一带。×代表贵州赫章

2. 岩性由东北向西南由正常海相沉积变为近岸潟湖相、潮间带或潮上带白云岩沉积

（1）"岳家山组在宜良一带为白云质页岩及泥质白云岩"（《云南省区域地质志》，92 页）。

（2）"妙高组分布同关底组，宜良-（弥勒县）盘溪一带以白云岩、白云质页岩为主，局部夹钙质页岩"（《云南省区域地质志》，93 页）。

3. 岩性由北而南碎屑成分增多、粒度变粗、厚度变薄

关底组（相当于本书的岳家山组+关底组），"从区域上自北而南碎屑成分渐

多，粒度渐粗，厚度变薄，北部沾益菱角乡呵盆沟为灰绿、紫红色泥灰岩、页岩，厚 201m，嵩明、宜良为紫红、灰绿色泥质页岩夹白云质灰岩、白云岩，厚 40～66m，南部元江东立吉全为杂色粉砂岩、页岩，厚 73m"（《云南省岩石地层》，74 页）。上述资料显示嵩明、宜良一带已变为白云岩，而且厚度很薄，可能已接近海岸线，因此，在其以南 140km 的元江东立吉志留纪地层的海侵方向可能来自外海，而不是扬子海。这 140km 无露头，说明当时可能是古陆。

　　4.海槽的宽度由北而南变窄。曲靖一带宽 40km，向南至宜良县南仅为 20km

　　根据上述岩相、粒度、厚度、地层由北而南超覆分布和海槽宽度的变化等方面的证据完全可以说明，滇东志留纪岳家山期、关底期和妙高期沉积时期海水方向来自北面，海水由北而南入侵滇东海槽，滇东海槽的尽头（湾头）应在弥勒县盘溪镇一带。

　　其实，早在 1984 年作者之一（林宝玉）与郭殿珩一起，根据云南省地质工作者等在云南辛勤劳动取得的地质资料已在《中国的志留系》一书中已阐明海侵方向来自北面，由北而南入侵滇东海槽。请看对滇东志留系的如下分析：

　　（1）岳家山组，"岩性以黄褐、黄绿色页岩、粉砂岩为主，夹少量石灰岩"，"岩性由曲靖向西南至宜良青山村一带可变为白云岩、白云质页岩，也就是说由正常海相至潟湖-海相沉积"（林宝玉等，1984，112 页）。

　　（2）关底组，"其岩性为紫红、暗紫色粉砂岩、粉砂质页岩夹黄绿色页岩、泥灰岩、瘤状灰岩……"，"厚度变化较大，曲靖附近厚 563m，往北沾益大赤张厚110m，往西南至宜良青山村厚 164m，且含白云质灰岩，说明接近非正常海沉积，再往南至弥勒西洱一带则不见有本组沉积"（林宝玉等，1984，112 页）。

　　（3）妙高组，"厚度以曲靖一带最厚，达 758m，往西南变薄，宜良青山村厚343m，弥勒西洱厚 492m"（林宝玉等，1984，113 页）。

　　1990 年，云南省地质工作者也得出正确的结论，即①岳家山期，"川、滇、黔、桂古陆开始解体，曲靖一带已成海湾"，"在曲靖地区形成一个北东向海湾，发育滨海-浅海相页岩夹砂岩及石灰岩"，"沉积厚 60～130m"（《云南省区域地质志》，102页）；②关底-妙高期，"曲靖一带海湾向南西扩展，与滇西海域相通，从而使川、滇、黔、桂古陆解体成川滇古陆和滇桂隆起"（《云南省区域地质志》，103 页）。

　　综观以上分析，不难重建滇东志留纪晚期的古地理概况（图 1.7）：

　　（1）海侵方向由北而南入侵滇东海槽；

　　（2）岳家山时期海侵仅达宜良一带（见岳家山组分布图，图 1.6），形成北东向开口的海湾；

　　（3）关底组时期在宜良城以北超覆于下奥陶统汤池组之上，在宜良城以南超覆于中寒武统之上，说明关底期海侵进一步向南推进，该海槽继续向南扩展，但未穿越川滇古陆；

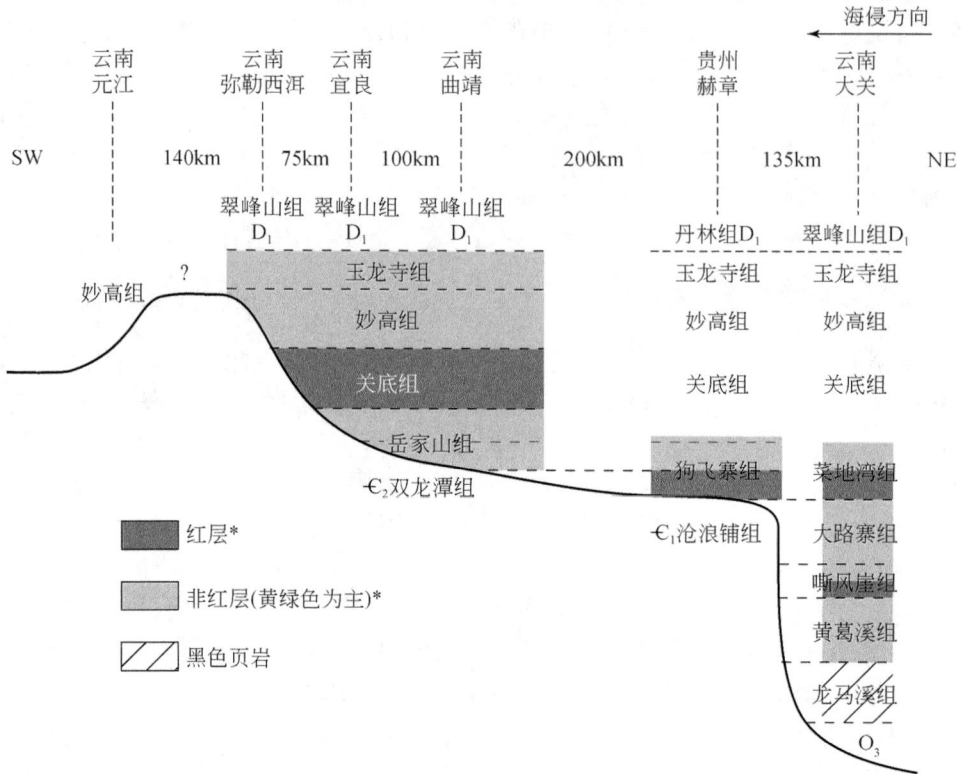

图 1.7　云贵边境大关-曲靖海槽海侵方向示意图

显示不同层位的志留系由北而南系列超覆在寒武纪地层之上，证明海水由北而南入侵滇东海湾。*以下各图同

　　（4）妙高组时期，海水进一步向南扩展，但在宜良-盘溪一带仍以白云岩沉积为主，说明离海岸不远，仍然可能未穿越川、滇古陆；

　　（5）妙高组晚期或稍晚一些，随着扬子地台中央的升起，海水向外退却，曲靖海湾形成并与元江东立吉海水连成一片，形成向西南开口的曲靖海湾。

　　1976 年，王立亭在"贵州的志留系"一文中，也曾经指出："由北而南的海侵，造成地层由北而南的超覆，岩性、生物群、厚度由北而南的规律性变化。总之，南北分异、东西方向的相变，地层由北而南的超覆是贵州志留系的显著特点。"海侵由北而南，造成地层由北而南的超覆的规律，在滇东北、黔西、滇东志留系海侵中也具相似的规律。

　　滇东海湾早期海侵方向来自北面可以阐明如下几个问题：

　　（1）滇东海湾在志留纪中晚期（文洛克世—普里多利世早期）与扬子地台内海相通（下面将详述）。

　　（2）扬子地台本部也应存在与滇东相同的文洛克世—普里多利世早期的地层。

（3）扬子地台"特列奇期末"整体抬升，扬子地台本部缺失特列奇期晚期—拉德洛世早期地层的论点是不正确的（下面将有详细论述）。

（4）关底组海相红层是海水自北向南入侵的产物，它不仅超覆于岳家山组之上，而且在宜良以南更超覆于中寒武统双龙潭组之上，是妙高组最大海侵初期的产物，因此它是海侵初期形成的海相红层（图1.7）。

二、也谈黔西赫章志留纪小莱采贝动物群发现的古地理意义

黄冰、戎嘉余等（2011）报道了黔西赫章志留纪地层中含小莱采贝动物群（*Retziella* fauna）。含该动物群的地层黄冰等称其为关底组（包括本书的岳家山组）。文章中提到"按岩性与生物群大致可分为两部分：①上部灰绿色和中部夹少量灰色薄层至中厚层泥质粉砂岩、细砂岩。泥岩中含腕足类 *Nikiforovaena sinensis*、*Orbiculoidea* cf. *sinensis*、*Retziella uniplicata*，双壳类 *Goniophora* cf. *dianensis*、*Mytilarca* sp. indet.、*Modiolopsis*？ sp. aff. *crypta*，三叶虫 *Warburgella*（*Warburgella*）sp.，双壳类和少量难以鉴定的腹足类、头足类，厚120m左右；②下部为紫红色泥岩夹少量浅灰绿、灰紫色，薄至中厚层泥质粉砂岩、细粒石英砂岩，未发现化石，厚度大于109m（王立亭，1976），含化石层（采样号AGI801）位于剖面近顶部，距上覆泥盆系厚层石英砂岩约20m。这段地层与王立亭（1976）描述的赫章狗飞寨剖面第7层相当"（黄冰等，2011）。

作者查阅了王立亭（1976）的未刊资料。现将赫章狗飞寨一带的志留系剖面详情列述如下，以便广大读者了解详情，并与滇东北莱地湾组命名剖面的岩性和层序作一比较：

上覆地层：下泥盆统：灰色厚层石英砂岩。

------------------假整合----------------------

志留系（>230m）：

7. 灰色页岩，中部夹少量灰色薄层细砂岩，厚41.3m，含双壳类：*Modiomorpha* sp.，*Modiolopsis miaokaoensis*，*Nucula* sp.；腕足类：*Lingula cuneatiformis*？ 。

6. 灰绿、黄绿色砂质页岩，夹少量浅灰色薄至中厚层泥质粉砂岩、细砂岩、含泥质细粒石英砂岩。含双壳类：*Praecardium*？ sp.，*Orthodonta* cf. *perlata*，厚43.1m。

5. 灰黄、黄灰色薄至中厚层泥质粉砂岩夹少量黄色砂岩，顶底为浅灰色中厚层细粒石英砂岩，含双壳类：*Follmanuella*？ sp.，厚23.4m。

4. 紫色页岩夹少量浅灰、灰白色薄至中厚层细粒石英砂岩，厚37.8m。

3. 浅灰色中厚层细粒石英砂岩夹少量紫色页岩，厚13.9m。

2. 紫红色页岩夹少量灰紫、浅灰色薄层细砂岩和泥质石英砂岩，厚15.7m。

　　1. 紫色砂质页岩夹少量灰紫色薄至中厚层细粒砂岩，厚>41.6m。

------------------断层----------------

　　为了进一步核实王立亭（1976）的未刊资料，作者又查阅了王立亭所在的贵州地层古生物工作队 1977 年正式发表的《西南地区区域地层表（贵州省分册）》（地质出版社）的贵州赫章狗飞寨剖面资料。发现王立亭的狗飞寨剖面与正式发表的同一剖面在岩性描述、厚度，与其下伏地层关系等方面都有所遗漏或不同。现简介如下：

　　（1）在涉及与其下伏地层关系时，1977 年正式发表的文中描述为"志留系：零星分布于赫章朱沙厂至狗飞寨一线，仅有中统下部为紫红色页岩、砂岩，出露最大厚度 230m。与寒武系下统假整合接触"（494 页）。

　　（2）在 1977 年剖面描述中的层序及上覆、下伏关系如下（519～520 页）：

赫章狗飞寨剖面：

上覆地层：丹林群[①]。

中统（S$_2$）末分组：

　　9. 灰色页岩，含少量硅质，中部夹少量灰色薄层细粒泥质砂岩，含双壳类：*Modiolopsis miaokaoensis*，*Nucula*? sp.；腕足类 *Lingula cuneatiformis*。　　　　　　　　　41.3m

　　6～8. 灰绿、黄绿色砂质页岩，夹少量浅灰色薄至中厚层细粒含泥质石英砂岩，顶及下部各夹一层紫色砂质泥岩，产瓣鳃类：*Orthodonta* cf. *perlata*，*Praecardium*? sp.。

　　　　　　　　　　　　　　　　　　　　　　　　　　　　　　　　　56.1m

　　5. 灰黄、黄灰色薄至中厚层泥质粉砂岩，夹少量黄色页岩，底部 3m 和顶部 5m 为浅灰色中厚层细粒石英砂岩，下部含双壳类：*Follmannella*? sp.。　　　　　23.4m

　　4. 紫色页岩，含少量绢云母，夹少量浅灰、灰白色薄层至中厚层细粒石英砂岩，上部 5m 以石英砂岩为主夹紫色页岩。　　　　　　　　　　　　　　　　　　37.8m

　　3. 浅灰色中厚层细粒石英砂岩，夹少量紫色页岩。　　　　　　　　　13.9m

　　2. 紫红色砂质页岩，含少量砂质，夹少量灰紫、浅灰色薄层细粒砂岩及泥质石英砂岩。

　　　　　　　　　　　　　　　　　　　　　　　　　　　　　　　　　15.7m

　　1. 紫色砂质页岩，含少量绢云母和灰色砂质透镜体，夹少量灰紫色薄至中厚层细粒砂岩。

　　　　　　　　　　　　　　　　　　　　　　　　　　　　　　　　>41.6m

（注：为断层所切，未见底）

----------------------------- ? -----------------------------

下寒武统。

---

　　① 云南境内称翠峰山群（组）。

从上述王立亭未刊资料（1976）和贵州省地层古生物工作队（1977）正式发表剖面对比，除岩性描述些少不同外，最大的不同点如下：

（1）王立亭的7层，相当于正式发表剖面的9层；

（2）王立亭的6层，相当于正式发表剖面的6~8层，遗漏了"顶部及下部各一层紫色砂质泥岩"，厚度不是43.1m，而是56.1m，少了13m厚的红层厚度；

（3）与下伏地层关系，已"注为断层所切，未见底"，又加上"-----?-----"，即带问号的假整合接触。

王立亭（1976）的狗飞寨剖面的下伏地层并未注明是什么地层，但从贵州省地层古生物工作队正式发表资料看，已肯定下伏地层为下寒武统，并指其关系为"假整合接触"，虽然其后又有不同的说法（520页）。作者认为，假整合接触的可能性更大。因此，该地的志留系是超覆于下寒武统之上。

从王立亭的未刊剖面和贵州地层古生物工作队发表的狗飞寨剖面相比来看，还是以正式发表剖面为准。不管是谁发表的剖面，都可以看出此地志留系可分出上下两段：下段（1~4层）以紫红色页岩、砂岩为主，未见化石，厚度大于109m，应属海相红层；上段（5~9层）以灰绿、黄绿色页岩、砂质页岩为主，夹两层红层，含双壳类、腕足类化石，厚度大于120.8m。属于较正常的海相沉积，其上与下泥盆统（丹林组）假整合接触。

根据岩性特征、下段红层厚度等，很显然接近于其北面不足50km盐津-大关一带的菜地湾组，而不是其南面约200km曲靖一带的岳家山组。黄冰等报道的腕足类即采自该剖面的第9层中部。总厚大于229.8m。

作者完全同意该剖面上部20m含 *Retziella* 动物群的灰绿色泥岩地层可与滇东关底组底部（即本书的岳家山组下部）对比，也赞成"滇东海湾"已扩展到贵州赫章一带。但作者在下列问题上与黄冰、戎嘉余等（2011）持相反的观点，其理由如下：

（1）赫章地区的志留纪地层应与大关地区的菜地湾组和云南曲靖的岳家山组下部对比。而不应与关底组和岳家山组的全部对比（图1.8）。我们认为，赫章地区的志留纪地层上部灰绿色泥岩含 *Retziella* 动物群（约20m）无论从岩性和化石均可与岳家山组底部进行对比；而上部的大部分岩性为灰色薄层至中厚层泥质粉砂岩、细砂岩的地层（厚约100m）可与大关地区的菜地湾组上段，四川长宁、重庆秀山的回星哨组上段地层对比。而下部的紫红色泥岩夹少量浅灰绿、灰紫色薄至中厚层泥质粉砂岩、细粒石英砂岩的海相红层可与菜地湾组下段红层和回星哨组下段红层对比。因此，从岩性和化石来看，其一赫章的志留纪地层相当于滇东北菜地湾组或回星哨组加上岳家山组底部；其二赫章的志留纪地层下部的红层的厚度为109m，其厚度与大关菜地湾组下段红层92m和重庆秀山回星哨组下段红层89m的厚度极其相近；其三贵州赫章的志留纪地层的上覆为下泥盆统丹林组，其间为平行不整合接触，也就是说其上覆地层与菜地湾组或回星哨组的上覆地层为早中泥盆统也几乎一致（图1.9）。

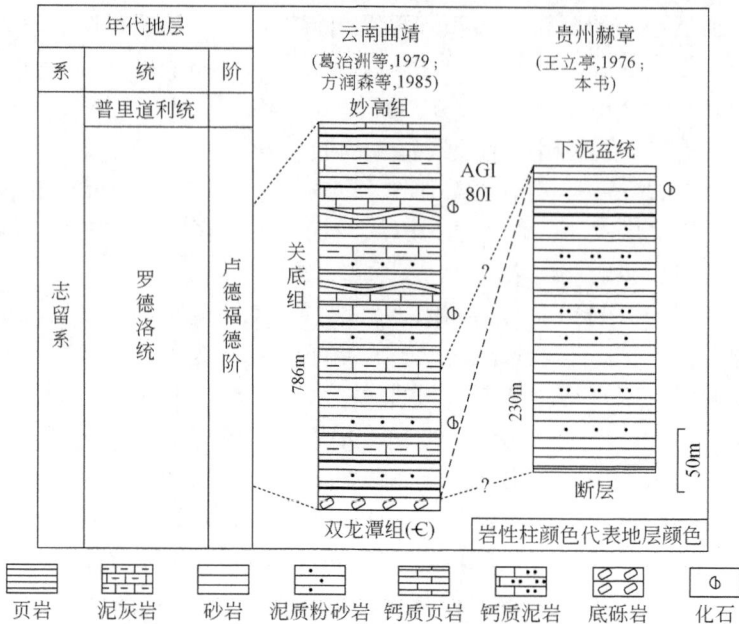

图 1.8　贵州赫章草子坪剖面与云南曲靖潇湘水库志留系柱状图对比（据黄冰等，2011）

有？点线为黄冰等原文对比意见，而虚线为本书对比意见。赫章草子坪剖面最上部 20m 含 *Retziella* 动物群，可与曲靖关底组下部（本书的岳家山组下部）对比；其下的 210m 地层根据岩性应与大关菜地湾组或回星哨组对比

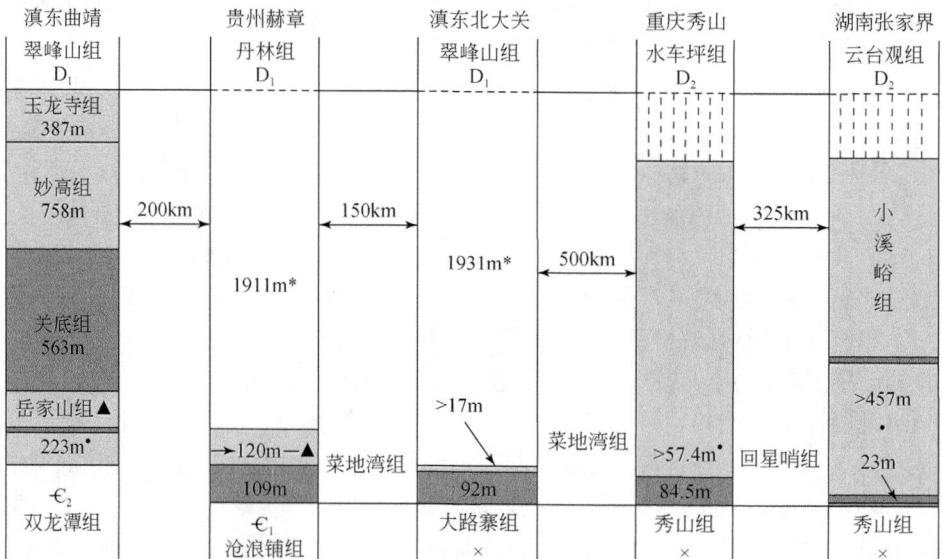

图 1.9　滇、黔、渝、湘地区部分志留系柱状对比示意图

▲ *Retziella*; • *Wangolepis sinensis*; ×秀山动物群（*Sichuanoceras, Coronocephalus rex, Stomtatograptus sinensis, Spathognathodus celloni* etc.）; *估计被剥蚀掉地层厚度

根据上述理由，赫章地区的志留系已不完全相当于滇东的岳家山组，也不完全相当于滇东北的菜地湾组或四川、重庆地区的回星哨组，而是兼具两者的特征，因此应另立新名，作者建议采用"狗飞寨组"一名（图1.9）。

（2）赫章地区 *Retziella* 动物群的发现其意义不仅限于扩大"滇东海湾"的范围，而更大意义在于证明"滇东海湾"与滇东北大关-盐津一带扬子海是相通的，滇东海湾的海侵即来自滇东北的扬子海。

（3）由于滇东北-黔西-滇东一带的志留系与下伏寒武系的关系由北而南形成系列超覆现象（图1.7），充分证明扬子海水由北而南入侵滇东海湾，这也与本书先前提到的志留系岩相分布从曲靖县至弥勒县南由正常海相相变为潟湖相近岸沉积完全吻合。

首先在滇东北的菜地湾期早期，海水入侵贵州赫章，超覆于下寒武统之上，沉积了与菜地湾组下段红层相当的"狗飞寨组"下段红层。之后，在菜地湾期晚期沉积了与菜地湾组上段相当的"狗飞寨组"上段地层，并在"狗飞寨组"上段晚期入侵云南曲靖一带，超覆于寒武纪双龙潭组之上，沉积了岳家山组并具有相同的 *Retziella* 动物群。岳家山组尖灭于昆明市东宜良县一带。在关底期，海侵又进一步向南扩展，在宜良以南超覆在双龙潭组之上，尖灭于云南弥勒县南，直至妙高期形成最大的海侵（图1.7）。

因此，本书认为滇东海湾的海水来自北面的扬子海，而不是来自南面（黄冰等，2011）。

滇东海湾在云南昆明市东呈北东-南西向延伸近300km，最宽处40km，最窄处仅20km。北面与昭通—镇雄一线以北的扬子海之间约有150km无志留纪地层出露，南面由弥勒县盘溪镇至元江东立吉志留纪露头之间也有100～130km无志留纪地层分布，因此，才造成了滇东海湾的"出口"之争。林宝玉等（1984）认为其出口在北面，理由在上一节中已详述。赫章志留纪地层的确定，首先，已使"滇东海湾"的北界向北推进了130km左右，也就是说其北界距昭通—镇雄一线以北的扬子内海仅有30～50km未见志留纪露头，这充分说明滇东海湾的北面出口是在昭通与镇雄之间，这与林宝玉等（1984）的古地理图所显示的出口完全一致（图1.4）；其次是赫章狗飞寨组为正常的海相沉积，如果是滇东海湾的尽头（最北端）（图1.5），则应是近岸的沉积物，如白云岩或碎屑岩等沉积物，因为该地离"滇东海湾"的南面出口已有450km之遥，不可能还保持正常海相沉积。

滇东海湾向北与扬子内海相连的确定，为解决滇东志留纪地层与扬子地台腹部地区志留纪地层的对比提供了极其重要的依据。

（4）"曲靖海湾"的末端位置在赫章一带与该文作者之一发表的地层典条目相互矛盾。"黔西赫章志留纪晚期小莱采贝动物群的发现及其地理意义"一文的作者之一（戎嘉余）在编写《中国地层典，志留系》一书"关底组"条目时，对关底组曾作如下的描述："可分两段，下段（岳家山段）为黄绿、灰绿色页岩，泥质粉砂岩，经常夹石灰岩及砂岩薄层，偶见紫红色泥岩，厚220m；上段（关底段）为紫红、黄、黄绿色粉砂岩、页岩、泥岩，厚约560m，与上覆妙高组为连续沉积，与下伏双龙潭组呈假整合接触"，"本组厚度变化较大，曲靖地区厚达500～800m，向北至沾益地区，厚240m左右，往南至宜良一带，厚230m左右，且发育白云质灰岩、白云岩，可能为潟湖相沉积的产物；再往南到弥勒一带，本组地层缺失（云南省地质矿产局，1990）"（戎嘉余，见林宝玉等，1998，42、43页）。

从上述对关底组的叙述不难看出，关底组由曲靖向南至宜良县再到弥勒县，关底组岩性由正常浅海相相变为潟湖相（宜良一带），再向南至弥勒县一带缺失，厚度也由800m减至230m，说明至少在关底组时期曲靖海湾的尽头在弥勒盘溪镇一带。从其发表的古地理图中（图1.5）也可以看出在弥勒一带海湾迅速变窄，说明这里是曲靖海湾的末端，海水应由北而南入侵"曲靖海湾"。因此，黄冰、戎嘉余等（2011）将曲靖海湾的出口置于弥勒县以南与其先前发表的地层资料事实不符。在关底期，"曲靖海湾"的出口在弥勒以南似乎不合理。

三、志留纪床板珊瑚 Carnegiea Girty 属在重庆巫溪县中二叠世底砾岩中的发现对古地理古构造重建的启示

志留纪床板珊瑚 Carnegiea（卡尼基珊瑚）属目前已知的产出地区和层位有4处：

1. 陕西宁强县和四川广元县（市）地区的宁强组

在该两地，"特别是宁强组的神宣驿段，相当于 griestoniensis 到 spiralis-grandis 带，代表扬子区特列奇最晚期的珊瑚"。邓占球等（见陈旭等，1996）称之为 Shensiphyllum-Idiophyllum-Erlangbapora-Carnegiea 组合，金淳泰等（1992）称之为床板珊瑚 Erlangbapora-Carnegiea 组合。

2. 滇东北大关县大路寨组

Carnegiea 一属也见于云南大关黄葛溪的大路寨组。共生化石有笔石 Stomatograptus sinensis，三叶虫 Coronocephalus rex 等，所含共生化石与宁强组相似，层位相当。他们称其为 Carnegiea-Erlangbapora 组合（金淳泰，1984；邓占球等，见陈旭等，1996）。

3. 贵州东北部石阡县秀山组

在该地的秀山组上段，亦含 Carnegiea-Erlangbapora 组合（邓占球，C. T. Scrutton，

见陈旭等，1996）。

4. 重庆市东北巫溪县

重庆巫溪县是 *Carnegiea* 属属型种 *Carnegiea bassleri* Girty 的产出地点。

葛尔特（Girty，1913）发表了层孔虫的一个新属 *Carnegiea* Girty，化石标本采自巫溪县一带石炭-二叠纪地层的砾石中，因此，定该层孔虫的时代为石炭-二叠纪（杨敬之、董得源，1962）。

1960 年，作者之一林宝玉在宁强地区测制志留纪地层剖面时，曾在宁强组中采到相当丰富的 *Carnegiea* 属的标本，经研究发现该属具非常发育的联接孔（角孔和壁孔），而且具隔壁刺。因此，更正其为床板珊瑚，并对其分类位置进行了详细的讨论（林宝玉，见李耀西等，1975；林宝玉，1984），且更正其层位为中志留世，层位相当于宁强组。

由于 *Carnegiea* 属来自上覆地层的转石，因此，该地 *Carnegiea* 属产出的具体层位无法确定。但根据对该地志留纪地层的研究，重庆巫溪县徐家坝志留系及其上覆、下伏关系和层序大致如下（林宝玉等，1984）：

上覆地层：中二叠统梁山层。

-----------------平行不整合-----------------

秀山组。	>37m
白沙组（溶溪组）。	68m
罗惹坪组。	215m
龙马溪组。	490m

-----------平行不整合---------

奥陶系五峰组。

根据以上巫溪县志留纪地层发育情况，Girty 发表 *Carnegiea* 属的转石层位应是来自二叠纪的梁山层。

从上述三个产地 *Carnegiea* 属产出的层位为川北、陕南宁强组上部神宣驿段（厚 1783m），云南大路寨组（厚 325m）和贵州石阡秀山组上段（415m）的厚度推测，此地的秀山组很显然已几乎被剥蚀殆尽。徐家坝剖面秀山组仅剩 37m，往西至城口、万源一带已无秀山组的存在。采自梁山层转石的 *Carnegiea* 属标本显然是来自被剥蚀掉的秀山组上段的珊瑚标本再沉积的产物（图 1.10）。

重庆巫溪一带秀山组的原始厚度多少，现在无法估计。但在其西面的川陕边境的宁强组上部（神宣驿段）厚 1783m，其南面重庆秀山的秀山组厚 515m，一般厚 400～600m（陈旭等，1996）。假定它们沉积时的厚度大致相当的话，我们不以最大厚度的宁强组神宣驿段厚度计算，而以秀山组的平均厚度 500m 估算，巫溪县一带的秀山组已被剥蚀掉 460m 左右。秀山组之上有无回星哨组不得而知。估计应该有。如果是这样的话，那可能被剥蚀掉地层厚度应在 600m 以上。

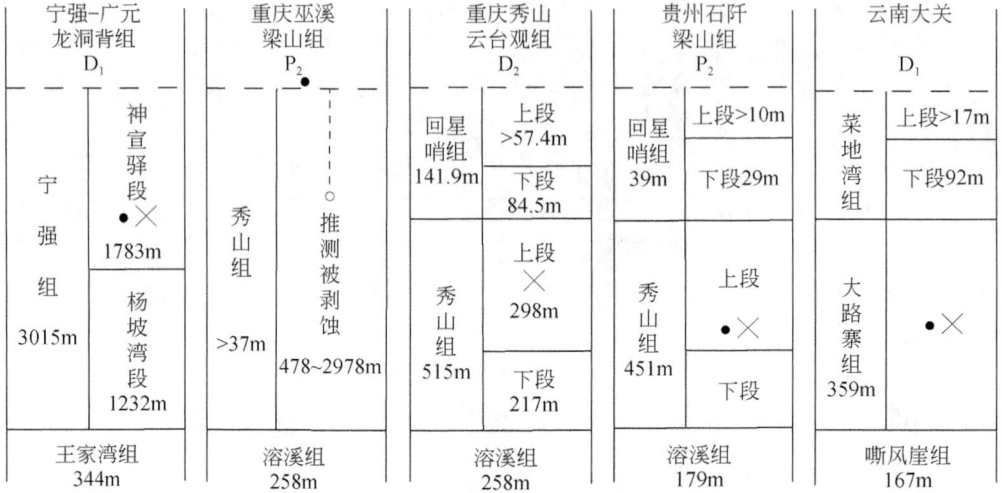

宁强-广元 龙洞背组 D_1		重庆巫溪 梁山组 P_2		重庆秀山 云台观组 D_2		贵州石阡 梁山组 P_2		云南大关 D_1	
宁强组 3015m	神宣驿段 ●× 1783m	秀山组 >37m	推测被剥蚀 478~2978m	回星哨组 141.9m	上段 >57.4m	回星哨组 39m	上段 >10m	菜地湾组	上段 >17m
					下段 84.5m		下段 29m		下段 92m
	杨坡湾段 1232m			秀山组 515m	上段 × 298m	秀山组 451m	上段 ●×	大路寨组 ●× 359m	
					下段 217m		下段		
王家湾组 344m		溶溪组 258m		溶溪组 258m		溶溪组 179m		嘶风崖组 167m	

图 1.10　扬子地台志留纪床板珊瑚 *Carnegiea* 属产出地点及层位示意图

● 床板珊瑚 *Carnegiea* 属产出地点及层位；× 秀山动物群产出层位

从 *Carnegiea* 属在重庆巫溪县一带的发现，可以得出如下几点启示：

（1）所有志留纪地层，其顶部为中泥盆统（剥蚀 24Ma）—中二叠世梁山组（剥蚀 121Ma）平行不整合覆盖者均遭受到不同程度的剥蚀。时间越长，剥蚀厚度越大。

（2）所有扬子地台区内的志留系顶部与上覆中泥盆世—中二叠世平行不整合之下的地层，如三峡的纱帽组、重庆-贵州边境的韩家店组、滇东北的菜地湾组、重庆-湖南边境的回星哨组、小溪峪组、江西西北的西坑组、皖南的茅山组、苏南的茅山组等。其顶部不是当时志留纪最后的沉积物，它们仅代表被剥蚀后残留沉积物的时代，不代表沉积时的时代。

（3）如果扬子地台区内志留系顶部残留地层都加上被剥蚀掉 460m 左右厚度的话，这些被剥蚀后残余地层顶界的时代可能要上升不少，如滇东北菜地湾组上段的厚度由 17m 上升为 477m，其厚度已超过狗飞寨组现在含化石层位的厚度；又如重庆秀山回星哨组上段 57.4m，加上 511.4m，上升为 569m，也超越贵州赫章狗飞寨组上段含化石层的厚度 120m 几乎 3 倍，这时再来考虑回星哨组的时代可能又是另一种情况。因此，可以认为，加上可能被剥蚀厚度的回星哨组，菜地湾组顶界的时代要新于经剥蚀残留的回星哨组、菜地湾组等的时代。

四、今日长江流域盆地地表剥蚀率对重建昔日（志留纪）扬子地台古地理的启示

扬子地台大多数地区的志留系的上部均遭受到不同程度的剥蚀，其上为泥盆纪、石炭纪或二叠纪地层平行不整合覆盖，其间遭受到 10 多个百万年—100 多个百万年的剥蚀，剥蚀了多少厚度和层位不得而知，但可以肯定平行不整合面之下的志留系顶部层位不是原来沉积的最高层位，而是经剥蚀之后残存的层位。为了弄清这一问题，用今昔对比的方法也许会给我们提供很多有益的思考。

根据 Walker（2000）资料，世界若干主要河流流域盆地地表剥蚀率如表 1.1 所示，列举了世界上 20 条主要河流，其中包括北美洲、南美洲、欧洲、亚洲和非洲。剥蚀率最高的是中国的渭河和黄河，每 1000a 剥蚀速度分别是 1350mm 和 900mm。中国的长江居第 11 位，剥蚀率为 170mm。剥蚀率最低的是美国的 Connecticut 河，每 1000 年仅剥蚀 1mm，与中国渭河相比相差 1350 倍。他同时指出，世界主要河流的平均剥蚀率是每 1000 年 60mm。

表 1.1 剥蚀率以 1000 年为单位对地质历史长河来说是太短了，为此，作者以 100 万年为单位（表 1.2）。"号码"和"国家"是本书作者加上的。这一转换之后，渭河和黄河流域每 100 万年剥蚀率分别是 1350m 和 900m，长江流域剥蚀率是 170m，世界平均的剥蚀率是 60m。

表 1.1　世界若干主要河流剥蚀率（据 Walker，2000）

河流名称	剥蚀率/［mm（inches）/（1000a）］
Wei-Ho	1350（53）
Hwang-Ho	900（35）
Ganges（=Ganga）	560（22）
Alpine Rhine and Rhone	340（13）
San Juan（U.S.A.）	340（13）
Irrawaddy	280（11）
Tigris	260（10）
Isere	240（9.4）
Tiber（=Tevere）	190（7.5）
Indus	180（7.1）
Yangtse	170（6.7）
Po	120（4.7）
Garonne and Colorado	100（3.9）
Amazon	71（2.8）

续表

河流名称	剥蚀率/〔mm（inches）/（1000a）〕
Adige	65（2.6）
Savannah	33（1.3）
Potomac	15（0.59）
Nile	13（0.51）
Seine	7（0.28）
Connecticut	1（0.04）

注：流域盆地陆地表面平均降低数用 mm（inches）。

表 1.2　世界若干主要河流流域盆地地表剥蚀率

号码	河流名称	剥蚀率/（m/Ma）	国家
1	Wei-Ho（渭河）	1350	中国
2	Hwang-Ho（黄河）	900	中国
3	Ganges（=Ganga）	560	印度
4	Alpine Rhine and Rhone	340	法国
5	San Juan（U.S.A.）	340	美国
6	Irrawaddy	280	缅甸
7	Tigris	260	秘鲁
8	Isere	240	法国
9	Tiber（=Tevere）	190	意大利
10	Indus	180	印度
11	Yangtse（长江）	170	中国
12	Po	120	意大利
13	Garonne and Colorado	100	美国
14	Amazon	71	巴西
15	Adige	65	意大利
16	Savannah	33	美国
17	Potomac	15	美国
18	Nile	13	埃及
19	Seine	7	德国
20	Connecticut	1	美国

注：原文用 mm/1000a，本书改为 m/Ma。

根据国际地层委员会公布的国际地层表（地层学杂志，33 卷第 1 期，5 页）的年龄值为准，可计算出扬子地台志留系顶部地层年龄值与上覆盖层地层年龄值之间剥蚀年龄值的时间（假定大多数地区志留系原来沉积终止的时间是普里多利统的顶部，而不是现存残留地层的顶部）。乘以世界平均剥蚀率 60m/Ma，结果如表 1.3 所示。

表 1.3　扬子地台志留系残留地层顶部可能被剥蚀的厚度（以世界平均剥蚀率 60m/Ma 计算）

时限	年龄值/Ma	剥蚀年龄值/Ma	可能剥蚀厚度/m
S_2^1—D_1 底	428～416	12.2	732
S_4 顶—D_2^2 底	416～391.8	24.2	1452
S_4 顶—D_3^1 底	416～385	31	1860
S_4 顶—C_2^1 底	416～318	98	5880
S_4 顶—P_2^1 底	416～294.6	121.4	7284

长江流域属于扬子地台范围，以它的剥蚀速率来计算，可能较用其他地区比较合适些。长江流域的剥蚀速度是 170m/Ma。以湖北宜昌地区为例，现在纱帽组之上覆为 D_2^2 云台观组，假设当时宜昌地区沉积了 S_2—S_4 三统地层，之后才开始上升遭受剥蚀，那么 S_4—D_2^2 遭受剥蚀时间是 24.2Ma，170m×24.2Ma=4114m，也就是说纱帽组之上可能有 4114m 地层被剥蚀掉，这个剥蚀速度可能还是快了一些。那么现在按世界平均剥蚀速率每百万年 60m（约为长江流域剥蚀速率 170m 的 1/3）来计算，则为 60m×24.2Ma=1452m。这个厚度可能更接近于扬子地台志留纪时期的剥蚀率。以此类推，可以得出如表 1.3 所示的剥蚀厚度分别是 732m、1452m、1860m、5880m 和 7284m。时限越长其准确度误差越大，如上覆地层为 C_2 的剥蚀厚度为 5880m 和 P_2 的剥蚀厚度为 7284m。因为，扬子地台志留系的一般厚度不超过 4000m，文洛克统—普里多利统的厚度一般不超过 2000m（滇东除外）。

但是，可以给我们一个很重要的提示，即现在残留的志留系顶部地层如回星哨组及其相当地层，纱帽组、韩家店组、西坑组、茅山组等，其上被剥蚀掉 732～1860m 地层厚度的可能性极大。这些地层的厚度可能包括文洛克统—普里多利统地层。有些地区完全可以肯定，如武汉地区锅顶山组之上的文洛克统—普里多利统的地层被剥蚀掉了，因为，湖南西部小溪峪组上段已确定含文洛克统—普里多利统早期地层，而武汉一带是小溪峪组与扬子海沟通的必经之路，应当有与小溪峪组同期地层的沉积。

五、中泥盆统云台观组沉积速率对志留纪古地理重建的意义

在重庆、湖北、湖南边境地区志留纪地层之上为中泥盆统云台观组石英砂岩

平行不整合覆盖，探讨云台观组的沉积速度，可能有助于了解志留纪顶部地层被剥蚀的速度，从而大致计算出位于平行不整合面之下的一些地层，如小溪峪组、回星哨组、纱帽组等被剥蚀掉的厚度。

云台观组石英砂岩岩性比较单一，说明在沉积时期，从平行不整合面之下志留纪地层中剥蚀下来的碎屑物质与云台观组沉积的速率相近，才能使云台观组砂岩保持同一岩性，也就是说志留纪地层被剥蚀率与云台观组的沉积率大致相当。

根据湖南省区域地质志（1988）的资料，湖南张家界一带的云台观组的厚度由 28～600m 不等，而云台观组的时代大致为 Givet 期。该期的年龄值为 6.5Ma（391.8-385.3=6.5Ma），这样可以计算出最小的沉积率 4.3m/Ma（28÷6.5=4.3m/Ma）。而最大的沉积率 92.3m/Ma（600÷6.5=92.3m/Ma）。不以最小值为准，也不以最大值为准，取其平均数，即（4.3+92.3）÷2=50.45m/Ma，也就是说云台观组的平均沉积速率为 50.45m/Ma，推测志留纪顶部地层的剥蚀率也是 50.45m/Ma。这个剥蚀速度与前一节中现代世界主要河流流域盆地平均剥蚀率 60m/Ma 相近，相当于现今长江流域剥蚀率（170m/Ma）的 30%。

以 50.45m/Ma 的剥蚀率为准，而假设重庆、湖南等地在志留纪末期（416Ma）才抬升，到中泥盆世早期末（391.8Ma）才停止，剥蚀时间延续 24.2Ma（416-397.5=24.2Ma）。在这段时间内志留纪顶部地层的一些组被剥蚀掉的厚度应为 50.45×24.2=1220.89m。

现在湖南张家界地区志留纪顶部小溪峪组的厚度为大于 480m（>480m），大多少？如果是大 1220.89m 的话，则小溪峪组的原始沉积厚度应为 480+1220.89=1700.89m。

这是否也可以得到一些启示，即这些地区志留纪地层的原始厚度要比现在残留的地层的厚度要大得多，层位也要高得多，而不仅是"难于超过一个笔石带的厚度"（陈旭等，1996；戎嘉余、陈旭，2000）。

六、扬子地台志留系顶部可能被剥蚀地层的厚度和层位

扬子地台志留系顶部不同地区分别为下泥盆统至中二叠统地层平行不整合覆盖，其顶部地层不是沉积时的最高层位和厚度，这是大家共同的认识。即在其顶部地层厚度前面加上大于的符号">"，那么到底大多少或被剥蚀了多少厚度和层位？这就有不同的看法。有些人认为不大于一个笔石带的厚度，也就是说被剥蚀掉的层位"难于超过一个笔石带"（陈旭等，1996；戎嘉余、陈旭，2000）。

根据上述各章节所阐述的理由，对扬子地台区被剥蚀的志留纪顶部地层的厚度可以归纳得出如下的一些看法：

（1）根据 *Carnegiea* 属在重庆巫溪二叠纪砾石中的发现推断该地秀山组至少

可能被剥蚀了 479～2978m。

（2）从世界现今陆地平均剥蚀率 60m/Ma（相当长江流域剥蚀率 170m/Ma 的 1/3 左右）计算，云台观组之前被剥蚀的志留纪地层厚度为 1452m。

（3）从重庆、湖南西部云台观组砂岩的沉积速率推算志留系的剥蚀率为 50.45m/Ma 计算，志留纪地层顶部被剥蚀厚度至少为 1220.89m。

（4）湖南张家界地区，该区小溪峪组厚度大于 480m。如果加上根据其上覆云台观组沉积速率计算出剥蚀厚度为 1220.89m，则小溪峪组的原始厚度应接近于 1700.89m（1220.89+480=1700.89m）。

（5）湖北武汉地区。湖南张家界地区小溪峪组的海水是经武汉一带进入的（王怿、李军，2001；Rong et al.，2003；黄冰等，2011）。现时武汉一带的志留系顶部地层为锅顶山组，层位相当于秀山组（或稍高）。由于武汉是湘西海侵必经之地，因此，武汉一带锅顶山组之上应沉积相当于文洛克世—普里多利世早期地层——小溪峪组。除层位相当外，其厚度一般应大于，至少要等于湖南张家界小溪峪组的厚度。因此，可以大致确认，武汉地区锅顶山组之上被剥蚀掉 480m 至 1700.89m，至少被剥蚀掉大于 480m 的厚度是毫无疑问的。而剥蚀掉的层位那里是"难于超过一个笔石带"，可能是文洛克世至普里多利世早期的 10 多个笔石带，至少是拉德洛世至普里多利世早期的 6 个笔石带。

（6）贵州赫章地区。滇东地区志留纪岳家山组（223m）、关底组（563m）、妙高组（758m）和玉龙寺组（387m），总厚 1931m。如前所述，其海侵方向来自云南大关-盐津扬子海，经贵州赫章进入"曲靖海湾"。因此，贵州赫章原始沉积应包括滇东地区相同层位的地层。而赫章目前志留纪的最高层位是狗飞寨组，仅顶部 20m 的含化石地层相当于岳家山组。因此，滇东志留系总厚 1931-20=1911m。也就是说赫章地区的岳家山组大部，关底组、妙高组和玉龙寺组已被剥蚀殆尽。因为，它是海侵必经之地，所以赫章地区志留系被剥蚀厚度大致为 1911m。

（7）云南大关地区。大关-盐津一带的扬子海海水经贵州赫章入侵"曲靖海湾"。因此，滇东北一带志留系顶部残留地层菜地湾组之上的原始沉积也应发育相当滇东岳家山组—玉龙寺组地层，地层厚度也应大致相同。目前，菜地湾组顶部未见 Retziella 动物群，推测云南大关一带被剥蚀的厚度应接近于滇东志留纪 4 组地层总厚 1931m。

根据上述几个方面的理由，可以认为，志留纪顶部残留地层至少要加上 480～1931m 之后，才大致接近于未被剥蚀之前原始沉积的厚度和时代。有些地区如滇东北大关、黔西赫章、湖北武汉地区被剥蚀掉的层位和厚度的证据是充分的。

据此，本书对扬子地台不同地区志留纪顶部沉积作一简要的复原（包括厚度）（表 1.4）。表中实线代表可能无志留纪原始沉积，虚线代表可能存在志留纪原始沉积及其厚度数字，空白代表有原始沉积，后期被剥蚀的志留纪地层和厚度。

表 1.4　中国扬子地台区志留系主要剖面的对比

年代·地层 系	统	阶	四川 二郎山	四川 广元	云南 曲靖	贵州 赫章	云南 大关	四川 长宁	重庆綦江 贵州桐梓	贵州 贵阳	贵州 凯里
上覆地层			陡牛层D_1	龙洞背组D_2	翠峰山群D_1	丹林组D_1	翠峰山群D	铜锣溪组P_2	铜锣溪组P_2	乌当组D_1	老碧山组D_1
志留系	普里多利统	未分阶	麻柳桥组 162m	龙洞背组D_2 中间磉组 240m （8.5Ma）	王龙寺组 380m						
	拉德洛统	卢德福特阶			妙高组 758m	上段		回星哨组 上段	（121Ma*2）	（12Ma）	（12Ma）
		戈斯特阶	洒水岩组 177m	车家坝组 147m			（1931m*1）	下段 （1931m*1）			
	文洛克统	侯默阶			关底组 563m	（1911m*1）					
		申伍德阶				上段	菜地湾组 上段				
	兰多弗里统	特列奇阶	岩子坪组 280m	金台观组 168m	岳家山组 223m	下段	下段	秀山组 马公滩组 灵溪桥组	韩家店组 石牛栏组	高寨田组	翁项组
		埃隆阶	爆火岩组 长子岩组 龙胆岩组 罗圆湾组 鸳鸯岩组	宁强组 杨坡湾组 王家湾组 崔家沟组 龙马溪组		狗飞寨组	大路寨组 嘶风崖组 黄葛溪组 龙马溪组	龙马组	龙马溪组		
		鲁丹阶									
下伏地层			二郎山川组O_3	五峰组O_3	双龙潭组$Є_1$	沧浪铺组$Є_1$	五峰组O_3	五峰组O_3	观音桥组O_4	黄花冲组O_2	紫合组O_2

续表

系	统	阶	四川岳池	重庆巫溪	贵州印江	重庆秀山	湖南张家界	湖北宜昌	湖北武汉	江西武宁-修水	安徽宁国
	上覆地层		黄龙组C₂	梁山层P₂	梁山层P₂	云台观组D₂²	云台观组D₂²	云台观组D₂²	珞珈山组D₃	五通组D₃	五通组D₃
			98Ma	121Ma	121Ma	24.2Ma	24.2Ma	24.2Ma	31Ma (>480~1220.89m)*¹	31Ma	31Ma
志留系	普里道利统	未分阶			回星哨组 上段	回星哨组 上段	小溪峪组 上段		锅顶山组	西坑组	举坑组
	拉德洛统	卢德福特阶		罗惹坪组				纱帽组		夏家桥组 清水组	畈村组 河沥溪组
		戈斯特阶			回星哨组 下段	回星哨组 下段	小溪峪组 下段				
	文洛克统	侯默阶								殿背组	霞乡组
		申伍德阶									
	兰多弗里统	特列奇阶	白云庵组	秀山组 溶溪组	秀山组 溶溪组	秀山组 溶溪组	秀山组 溶溪组	罗惹坪组		梨树窝组	
		埃隆阶	小河坝组		马脚冲组 雷家屯组 香树园组 龙马溪组	小河坝组	小河坝组				
		鲁丹阶	龙马溪组	龙马溪组		龙马溪组	龙马溪组	龙马溪组			
	下伏地层		二郎山组O₃	五峰组O₃	临湘组O₃	观音桥组O₄	五峰组	观音桥组		新开岭组	新开岭组

续表

系	统	阶	浙江安吉	安徽贵池-石台	江苏江宁	江苏句容#Jc-2	江苏泰州#N-4	江苏大丰#NC-2
	上覆地层		五通组D_3	五通组D_3	五通组D_3	五通组D_3	五通组D_3	五通组D_3
志留系	普里多利统	未分阶	31Ma 唐家坞组	31Ma 茅山组	31Ma 茅山组	31Ma 茅山组	31Ma 茅山组	31Ma 茅山组
	拉德洛统	卢德福特阶	康山组	坟头组	坟头组	坟头组	坟头组	坟头组
		戈斯特阶	康山组	坟头组	坟头组	坟头组	坟头组	坟头组
	文洛克统	侯默阶	康山组	坟头组	坟头组	坟头组	坟头组	坟头组
		申伍德阶	康山组	坟头组	坟头组	坟头组	坟头组	坟头组
	兰多弗里统	特列奇阶	大白地组	河沥溪组	侯家塘组	高家边组	高家边组	高家边组
		埃隆阶	安吉组	霞乡组	高家边组	高家边组	高家边组	高家边组
		鲁丹阶	安吉组	霞乡组	高家边组	高家边组	高家边组	高家边组
	下伏地层		新开岭组O_3	新开岭组O_3	五峰组O_3	五峰组O_3	五峰组O_3	五峰组O_3

*1推测可能剥蚀地层厚度（m）；
*2可能剥蚀年限（Ma），以下同。

七、滇东志留系与扬子地台本部志留系之关系及其对比

（一）滇东志留系与扬子地台本部志留系的关系

有些学者认为，滇东的志留系下部与扬子地台的回星哨组等地层没有联系（黄冰等，2011）。但根据以下理由，可以认为，滇东的志留系与扬子地台本部（川、渝、黔、湘等地）的志留系有紧密的联系，并可以进行对比。

（1）曲靖海湾在岳家山组、关底组、妙高组时期，其出口在贵州赫章北与扬子海相通，海侵来自云南大关一带的扬子内海，其依据已在前面章节叙及。

（2）赫章志留纪过渡类型"狗飞寨组"的发现。在该组上部离顶20m处的灰绿色泥岩地层中含 *Retziella-Nikiforovaena* 腕足类动物群，可与岳家山组下部含相同腕足类动物群的灰绿色泥岩地层进行对比。狗飞寨组上段下部黄绿、灰色粉砂岩（黄绿色层）和下段（红层）可与赫章以北大关地区的菜地湾组上段（绿色层）和下段（红层）进行对比（详见下一节论述）。

（3）潘江（1986，1988）、金淳泰等（1992）提到"根据修水鱼、中华盔甲鱼和盾皮鱼类等脊椎动物化石，将浙江西北部的茅山组、川东南和黔东北的回星哨组以及滇东北的岳家山组互比"，而且把它置于文洛克统。潘江同时还指出：著名的回星哨组和小溪峪组可分上下两段，其上段一般称"管状砂岩"。"管状砂岩和'上红层'广泛分布于滇东、川东南、湘西北、赣北，直至苏南、浙北和皖南相邻地区。在'管状砂岩'层内，痕迹化石 Thalassionidia 与秀山真盔甲鱼（*Eugaleaspis xiushanensis* Liu）及其近似种都产于同一层位内。此外，该层中还产有纹饰呈同心圆状的盾皮鱼类（placodermi），这对于解决滇东的岳家山组和川东南、黔东地区的回星哨组等大体相当的地层的对比，提供了新的材料。目前，广元地区的金台观组不仅在岩性上相似于回星哨组，而且所含的鱼化石和虫迹等特征也非常相似，为金台观组与扬子区'上红层'和相当地层的对比提供了重要依据"（金淳泰等，1992）。

潘江还指出，岳家山组底部、秀山回星哨组上部和湘西小溪峪组上部还含"*Wangolepis*"，它们层位相当。

从上述潘江和金淳泰等提供的地质资料的分析可以看出，从岩性、痕迹化石，特别是鱼类动物群方面，扬子地台本部的回星哨组上部及其相当地层与滇东的岳家山组有着密切的联系。

除上面提到的鱼类动物 *Wangolepis* 外，*Eugaleaspis xiushanensis* Liu 在重庆秀山回星哨组的发现也很重要。*Eugaleaspis* 属的属型种最初报道于滇东下泥盆统翠峰山组。现在看来，重庆秀山回星哨组是 *Eugaleaspis* 属的发源地。该属可能通

过贵州赫章一带进入滇东地区。

（4）几丁虫 *Angochitina sinica* 最早报道于滇东曲靖一带，是关底组、妙高组和玉龙寺组下部的重要分子和带化石。根据耿良玉等（1999）的报道，该种广泛见于安徽贵池一带的茅山组底部和江苏句容、南京江宁地区的坟头组上部，这不仅证明它们关系密切而且层位相当。

（5）2011 年，王怿等报道重庆秀山回星哨组上部含拉德洛世—普里多利世早期植物化石碎片，证明回星哨组上部可与滇东地区对比。

最近，Zhao Wenjin 和 Zhu Min（2015）将岳家山组下部和关底组中下部（红层部分，相当本书的关底组）的鱼类动物群称为扬子组合（Yangtze Assemblage），包括 *Dunyu longiferus*、*Wangolepis sinensis*、*Entelognathus primondialis*、*Guiyu oneiros*、*Megamastax ambriodes* 等属种，其中 *Dunyu* 和 *Wangolepis* 两属也见于重庆秀山 "小溪组"（即原回星哨组上段）和湘西张家界地区 "小溪组"（即原小溪峪组上段）。这不仅再一次证明重庆秀山回星哨组上段和湘西小溪峪组上段与滇东的岳家山组和关底组层位相当，同属于一个鱼类动物群，也说明当时滇东海域与扬子海域本部是沟通的。而且也证明特列奇期末，扬子地台所谓上升是不存在的。

（6）腕足类 *Retziella* 属除分布于滇东的岳家山组、关底组、妙高组和玉龙寺组外，也广泛分布于川西二郎山地区的岩子坪组、洒水岩组，川北广元的金台观组、车家坝组和秦岭紫阳地区的仙中沟组底部、西秦岭迭部一带的小梁沟组、马尔组和南石门沟组，说明滇东与扬子地台其他地区的关系密切（*Retziella* 属的时代分析见下面章节）。

（7）从鹦鹉螺类动物群的角度也可以证明扬子地台本部秀山组及其相当地层的四川角石动物群（*Sichuanoceras*）与关底组的河云村角石动物群（*Heyuncunoceras*）也有紧密的联系。

①四川角石动物群的重要分子 *Sichuanoceras*、*Parahelenites*①也可见于滇东关底组的 *Heyuncunoceras* 动物群中。虽然其时代有先后之分，但不能说没有联系。因此，陈均远（见林宝玉等，1984，206 页）认为 "这个动物群（指 *Heyuncunoceras* 动物群）与年老的秀山期四川角石动物群比较，以 *Heyuncunoceras*、*Platysmoceras* 的出现和发展，标志了新的发展阶段；同时也发现一部分秀山期的分子 *Sichuanoceras*、*Parahelenites* 延续上来，说明与较早的秀山动物群有重要的承袭性。"

②陈挺恩，C. H. Holland（陈旭等，1996，67 页）在分析四川角石动物群上带时也指出 "上述一些世界性分布的属，如 *Geisonoceras*、*Kionoceras*、*Pentameroceras*、*Mixosiphonoceras* 等，在欧洲和北美有很多种产自文洛克统，而

_____

① 据陈挺恩意见，该属为 *Ormoceras* 属之误（见陈旭等，1996）。

Platysmoceras suanpanoides 及个别的 *Sichuanoceras* 也在云南关底组（相当于罗德洛统）发现过"。同时，*Heyuncunoceras* 也见于秀山动物群中（陈旭等，1996，图 3-6，114 页）。这也又一次证明关底组的鹦鹉螺类与秀山动物群有一定的联系。*Heyuncunoceras* 动物群中有四川角石动物群的重要分子，四川角石动物群中也有 *Heyuncunoceras* 动物群的重要分子，两者存在不可分割的联系。*Heyuncunoceras* 角石动物群的祖先来自四川角石动物群的 *Heyuncunoceras* 属。贵州赫章一带就是四川角石动物群的重要分子进入"曲靖海湾"的通道。

（二）滇东志留系与黔西、滇东北、重庆秀山和湖南张家界志留系的对比

有关滇东志留系与这些地区同期地层的对比见表 1.5。

1. 滇东地区

该区志留系由下而上划分为岳家山组、关底组、妙高组、玉龙寺组，翠峰山组下部有可能归属志留系。前 4 个组的详细剖面及岩性特征详见林宝玉等（1984）的《中国的志留系》一书。

应当提及的是关于岳家山组的时代。有些学者（Rong et al.，2003；戎嘉余等，2017）将其归入拉德洛统的卢德福特阶。理由有二：一是岳家山组虽以绿色层为主，但也夹有两层薄的红层，因此，它的时代也应与关底组（红层为主）同一时代；二是岳家山组上部也含有牙形石 *Ozarkodina crispa* 和腕足类 *Retziella-Nikiforovaena* 动物群。

关于 *Ozarkodina crispa* 的时代，金淳泰等（1992）曾有过质疑，是否该种在中国出现的时代更早？它延续于 1000m 以上的关底组、妙高组和玉龙寺组。

根据现有资料，腕足类 *Retziella* 和 *Nikiforovaena* 两属虽然主要发育于拉德洛世—普里多利世，但也可见于更低的地层层位，如 *Retziella* 可见于秦岭地区的兰多弗里统小梁沟组的笔石带 *insectus* 带，文洛克统侯默阶下部马尔组[①]下部牙形石 *Sagitta* 带（Rong and Chen，2003，185 页表格，197 页）种类繁多，并曾被某些作者鉴定为不同的属，说明 *Retziella* 属此时已相当繁盛。另据付力浦、张子福（2008）报道，在陕西紫阳仙中沟剖面仙中沟组离底 1.48m 处也找到 *Retziella* sp.（*R.* cf. *xinjiangensis* Rong et Zhang），属 *Sakmaricus* 笔石带的顶部，在滇东它可以从岳家山组底部一直延伸到妙高组和玉龙寺组。在川北广元一带的车家坝组，它也可与牙形石 *Ozarkodina snajdri* 带共生。该属也见于朝鲜的志留系（黄冰等，2011，33 页）。根据现有资料，朝鲜平壤的志留系最高层位可能为 Telychian 期或更低。因此，其出现层位可能为 Telychian 期。在澳大利亚，据 Strusz D. L.（1995）的报

---

① Rong 等称庙沟组。该组名已为太原组庙沟石灰岩占用，庙沟组一名在《中国地层典（志留系）》一书中已改用马尔组。

表 1.5 滇东与黔西、滇东北、重庆秀山和湘西等地文洛克统-普里道利统的对比

年代、地层			地区	云南南靖	贵州赫章	云南大关	重庆秀山	湖南张家界
系	统	阶						
志留系(部分)	普里道利统	未建阶	上覆地层	翠峰山组D$_1$	丹林组D$_1$	翠峰山组D$_1$	云台观组D$_2$	云台观组D$_2$
				玉龙寺组 387m ▲	上段(>120m)▲ 红层	上段(>17m) 红层	上段(>57.4m) ❀	上段(>457m) ❀
	拉德洛统	卢德福特阶		妙高组 758m ▲				
		戈斯特阶		关底组 563m ▲×	下段(109m) 红层 灰绿色泥岩夹粉砂岩、细砂岩及红层	下段(92m) 红层	回星哨组 141.9m	小溪峪组 480m
	文洛克统	侯默阶		岳家山组 223m ▲+●	狗飞寨组 229m	菜地湾组 109m	下段(84.5m) 红层 灰绿色粉砂岩、页岩夹紫红色粉砂岩	下段(23m) 红层
		申伍德阶		双龙潭组∈$_2$	沧浪铺组∈$_1$	大路寨组∈$_1$	秀山组 + ●	秀山组 +●
			下伏地层					

注：▲ Retziella Fauna；× Ozarkodina crispa；● "Wangolepis" sinensis；+ Eugalepis xiushanensis 和 Eugalepis sp.；❀ 植物碎片。

道，*Retziella* 属出现于侯默阶的 *Gothograptus nassa* 带，经拉德洛统、普里多利统，一直延至下泥盆统的 Lohkovian 阶。这都说明 *Retziella* 属的标准性有待进一步确定，起码它不是拉德洛统——普里多利统的特有属。目前看来，该属的时限从特列奇期晚期的 *Sakmaricus* 笔石带一直延续至早泥盆世 Lohkovian 阶。*Nikiforovaena* 一属出现的层位可能更低，它可见于兰多弗里统的秀山组，如 *Nikiforovaena*（=*Xinanospirifer*）*flabellum*（陈旭、戎嘉余，1966，21 页）。该种还是秀山组的常见分子。因此，岳家山组中下部不含牙形石 *O. crispa*，而仅含 *Retziella* 的地层也归入拉德洛世晚期目前证据不足。此外，根据岳家山组含 1～2 层海相红层就认为其时代应与其上的关底组时代相同也是不合理的。岳家山组的红层应老于关底组红层的时代。岳家山组的时代大致是文洛克世晚期，其顶部不排除含有拉德洛世早期地层。

　　耿良玉等（1999）根据几丁虫在湘西北小溪峪组上段的分布，曾将关底组底部"管状砂岩"与湘西北的小溪峪组上段、重庆秀山的回星哨组上段和江苏南部的茅山组下部（耿等称其为寨山组）的"管状砂岩"进行对比，称其时代为拉德洛世早期的 *nilssoni-scanicus* 笔石带，也就是说其时代为戈斯特期（Gorstian），而并非拉德洛世晚期的卢德福特期（Ludfordian）的晚期，这与本书作者将"管状砂岩"部分置于文洛克统已极其接近。因此，也可以证明关底组下部开始繁盛的 *Retziella* 动物群，包括 *R. uniplicata*（Grabau）、*R. plicata*（Mansuy）、*R. minor*（Hayasaka）、*R. puta* Rong et Yang、*Striispirifer yunnanensis* Rong et Yang 等并非拉德洛世晚期的标准分子。这些种的时代已下延至拉德洛世早期或更低。这可能与秦岭南部文洛克世晚期发育的 *Retziella* 动物群有一定的联系，可能层位相当。

　　根据上述分析，在川西二郎山和川北广元的连续的志留系剖面上，以 *Retziella* 动物群在岩子坪组或金台观组中的出现为由，就定其时代为拉德洛世晚期或将其与下伏地层（爆火岩组或宁强组）之间的关系划为"假整合接触"是不合适的。

2. 贵州赫章地区

　　贵州赫章地区狗飞寨组的岩性和化石在上面的章节中已述及。这里应当提及的是含 *Retziella-Nikiforovaena* 动物群的层位离顶仅 20m。因此，仅有这 20m 地层可与岳家山组底部含 *Retziella-Nikiforovaena* 动物群（不含 *O. crispa*）层位进行对比，狗飞寨组上段中下部及下段红层应老于岳家山组。有些学者（黄冰等，2011）将其与关底组下部（相当本书的岳家山组）对比是欠妥的。狗飞寨组上段中下部和下段红层应与菜地湾组的上段绿色层和下段红层对比，两者下段红层的厚度几完全相同，前者下段红层 109m，后者下段红层 92m。

　　在赫章地区缺失岳家山组上部——翠峰山组下部地层，应是后期剥蚀的结果。因为，前面的章节中已经证实，岳家山组——妙高组的海侵来自北面扬子海，赫章地区是其必经之路，应当沉积了与滇东地区相同的地层。

3. 云南大关地区

大关地区菜地湾组具体岩性描述见"中国的志留系"（林宝玉等，1984，127页）。可分为上下两段：下段为暗紫红色粉砂质泥岩、页岩夹灰绿色粉砂岩，厚81m，底部为暗紫色页岩，夹灰绿色页岩，其中上部含化石：*Coronocephalus changningensis* Grabau，腕足类 *Striispirifer shiqianensis* Rong et Yang，双壳类 *Modiolopsis miaokaoensis* Grabau，腹足类 *Loxonema*? sp.等，厚 11m，下段共厚92m。上段为灰白、灰绿、青灰色厚层泥质白云岩，夹紫红色泥质石英白云质粉砂岩，厚度大于 17m。其上与下泥盆统翠峰山组平行不整合接触（接触部位掩盖），其下与大路寨组整合接触。

大关剖面菜地湾组总厚 109m，但在其他地区其厚度可增至 211m（陈旭等，1996）。

菜地湾组下段岩性不仅与狗飞寨组下段岩性相似（红层），而且地层厚度也几乎相同，相差仅 17m，所不同的是菜地湾组上段残厚仅 17m。这可能就是菜地湾组上部 *Retziella-Nikiforovaena* 动物群被剥蚀掉的原因。云南大关菜地湾组上覆为泥盆纪地层也与赫章地区狗飞寨组上覆地层相同。更有趣的是赫章地区狗飞寨组出露地区离昭通-镇雄一带志留纪地层分布区的距离不足 50km，这也就是菜地湾组下段岩性和厚度几乎与狗飞寨组一样的原因。

云南大关地区的菜地湾组仅能与狗飞寨组的下段和上段下部进行对比，缺失狗飞寨组上段上部地层，更缺失滇东地区岳家山组—玉龙寺组地层，推测相当岳家山组—妙高组地层为后期剥蚀所致。因为，前面章节已经述及，曲靖海湾的尽头应在弥勒县以南的盘溪镇一带，滇东北大关-盐津地区是扬子海水由北而南入侵曲靖海湾必经之地，也应有相当岳家山组—妙高组的沉积。

4. 重庆秀山地区

重庆秀山溶溪的回星哨组岩性可分两段：下段为紫红色粉砂质泥岩与绿色粉砂岩互层，含腹足类 *Discordichitus* sp.、*Turbocheilus* sp.，厚 57.4m；上段为灰绿色，下部间夹紫红色粉砂岩、粉砂质页岩，含翼肢鲎，厚 84.5m（林宝玉等，1984，1998；陈旭等，1996），共厚 141.9m，与下伏秀山组整合接触，与上覆中泥盆统云台观组假整合接触。上下两段地层岩性和厚度与赫章狗飞寨组非常相似。回星哨组下段红层 89m，狗飞寨组下段（红层）109m；回星哨组上段（绿色层）大于57.4m，狗飞寨组上段（绿色层）大于 120m，后者顶部含 *Retziella-Nikiforovaena* 动物群。回星哨组上段顶部很可能包含 *Retziella-Nikiforovaena* 动物群相当的地层。回星哨组下段厚度与滇东北菜地湾组厚度一致，仅差 7.5m，岩性也完全相似，所不同的是上段残厚大于菜地湾组的上段。

　　根据潘江（1986）的报道，重庆秀山回星哨组上段含鱼类 *Wangolepis sinensis*。此种也见于滇东曲靖岳家山组底部（距底约 30m），其上下均含 *Retziella-Nikiforovaena* 动物群。因此，重庆秀山回星哨组上段可与岳家山组下部进行对比。

　　最近，王怿等（2011）在回星哨组上段发现植物化石碎片 *Category* 2, 3 Edwards 等，认为其时代属于拉德洛世—普利多利世早期，证明其时代与滇东关底组、妙高组等层位相当。

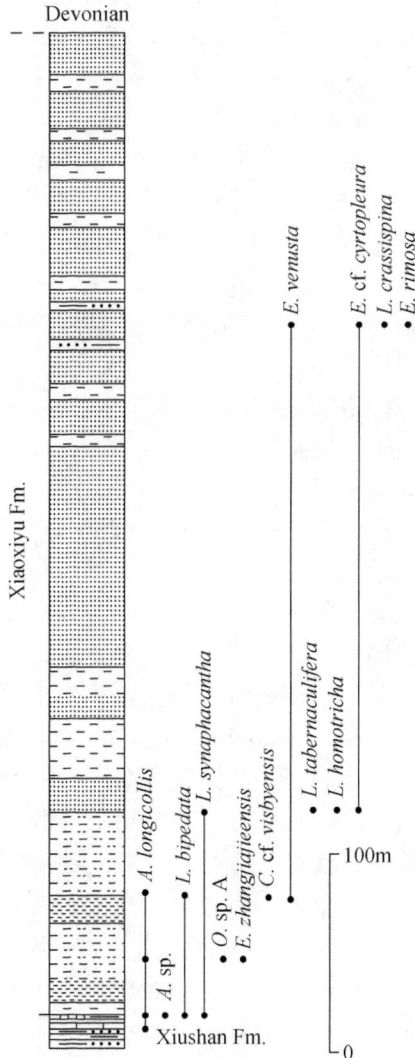

图 1.11　湖南张家界剖面秀山组（上部）和小溪峪组几丁虫化石（带）的分布（据 Geng *et al.*, 1997）

5. 湖南张家界地区

湖南西部张家界一带的小溪峪组可分为上下两段（王根贤等，1988）：下段为紫红、灰绿色薄-中层泥岩、泥质粉砂岩，厚 22.82m，含几丁虫 *Angochitina longicollis*、*Eisenackitina* sp.等，腕足类 *Salopinella minuta*、*Nalivkinia elongata*、*Striispirifer* sp.，三叶虫 *Coronocephalus rex*，*C.* sp.等（王怿等，2010）；上段为蓝灰、黄绿色泥岩、泥质粉砂岩、砂岩等，含丰富的虫管等化石，厚约480m。在上段下部50m 范围内含腕足类 *Nalivkinia magna*、*Spinochonetes notata*、*Striispirifer* sp.、*Howelella* sp.、*Coolinia* sp.，牙形石 *Distomatus* sp.、*Aspidognathus ruginosus scutatus*、*Corysognathus shannanensis*、*Multicostatus dazhubaensis*、*Wurmiella amplidentata*、*Wallisecrodus* sp.，三叶虫 *Coronocephalus rex*（王怿等，2010），几丁虫 *Angochitina longicollis*、*Essenackitina* sp.等（王根贤等，1988）。在上段下部离底约 50 余 m 处 Geng 等（1997）曾采到文洛克世的几丁虫 *Conochitina* cf. *visbyensis*，并建立 *Conochitina* cf. *visbyensis* 带，在上段中上部建立 *Lambdochitina tabernaculifera* 带和 *L. crassispina* 带。前两带划归文洛克世，后一带归拉德洛世晚期（图 1.11）。

王怿等（2010）在小溪峪组顶部相当于几丁虫 *Lambdochitina crassispina* 带的层位（离顶约 126.35m）内采到植物碎片化石：*Category* 2 *sensu* Edwards，1982，时代为拉德洛世晚期—普利多利世早期。

关于小溪峪组的时代和划分（详见表 1.6）意见分歧很大。

1966 年，湖南区测队建立小溪组一名，命名剖面位于桑植县塔铺小溪，置于中泥盆统。1978 年，赵汝旋等依据同一剖面，命名为小溪峪组，时代为中泥盆世 Givetian 期。1985 年，王根贤等对小溪峪组的含义进行了厘定，将其地质时代定为志留纪早—中期。1988 年，王根贤等根据张家界地质公园等剖面的资料，认为小溪峪组的时代为文洛克世 Sheinwoodian 期。1996 年，陈旭等将小溪峪组与回星哨组对比，置于兰多弗里世末期—文洛克世早期。1997 年 Geng 等和 1999 年耿良玉等根据小溪峪组的几丁虫化石，将小溪峪组下段和上段最下部置于兰多弗里世特列奇期末期，小溪峪组上段中上部置于文洛克世和拉德洛世。1998 年，戎嘉余（见林宝玉等，1998）将其改称回星哨组，划分为两段：上段小溪段，下段回星哨段，置于特列奇期末期。2010 年，王怿等根据植物碎片将小溪峪组一分为二，上段上部（相当于几丁虫 *Lambdochitina crassispina* 带）地层称为小溪组，将小溪峪组上段中下部和下段地层称回星哨组，两组之间缺失文洛克世—拉德洛世早期地层，两者之间为不整合接触。

表1.6　湖南张家界市志留纪小溪峪组划分沿革简表（部分）

| 年代 |||| 上覆地层 | 王根贤等，1985年 | 王根贤等，1988年 | 陈旭等，1996年 | 耿良玉等，1997年，1999年 | 戎嘉余（见林宝玉等，1998年） | 王怿等，2010年 | 本书 |
系	统	阶										
				泥盆地层	云台观组D₂	云台观组D₂	云台观组D₂	云台观组D₂	云台观组D₂	云台观组D₂	云台观组D₂
志留系	普里多利统										
	拉德洛统	卢德福特阶			小溪峪组	小溪峪组	小溪峪组	小溪峪组 上段	回星哨组	小溪组	小溪峪组 上段
		戈斯特阶									
	文洛克统	侯默阶						下段		回星哨组	下段
		申伍德阶									
	兰多弗里统	特列奇阶			秀山组（未出露）	秀山组（未出露）	秀山组（未出露）	秀山组（未出露）	秀山组（未出露）	秀山组（未出露）	秀山组（未出露）
		埃隆阶									
		鲁丹阶									
下伏地层											

　　2013 年，在全国第四届地层会议上，陈孝红在"中扬子地区志留纪几丁虫序列及年代地层研究新进展"的报告中，报道了他对小溪峪组几丁虫最新研究结果，其要点有二：一是从王悆等小溪组和回星哨组采集的几丁虫化石经鉴定没有区别；二是王悆等的小溪组和回星哨组之间是整合接触，没有沉积间断，从而又一次证实小溪峪组上段为连续沉积，也就是小溪峪组上段包括文洛克世、拉德洛世和普里多利世早期沉积。

　　根据上述分析，作者仍采用小溪峪组一名，分上段和下段。下段和上段底部含 *Angochitina longicolis* 及牙形石 *Aspidognathus rugosus scutatus* 等部分暂置于兰多弗里世末期和文洛克世早期，上段中下部为文洛克统（含几丁虫 *Conochitina* cf. *visbyensis* 带和 *Lambdochitina tabernaculifera* 带部分），上段上部归拉德洛统—普里多利统下部（含几丁虫 *Lambdochitina crassispina* 和植物碎片 Category 1,2,3 *sensu* Edwards，1982 部分）。

　　从上述分析可以看出，小溪峪组下段（23m）红层的顶界可能低于重庆秀山回星哨组下段红层（85m），滇东北菜地湾组下段红层（92m）和黔西狗飞寨组下段红层（109m）的顶界，也就是说小溪峪组上段底部绿色层可能是菜地湾组、狗飞寨组和回星哨组下段部分红层的相变。小溪峪组上段中下部可能与回星哨组、菜地湾组和狗飞寨组的上段进行对比。小溪峪组的上段上部大致相当于滇东地区的关底组、妙高组和玉龙寺组下部，同属于拉德洛世—普里多利世早期（图 1.12）。

　　另据潘江（1986）的报道，在湘西桑植的小溪峪组上段采获鱼类 *Wangolepis sinensis*，该种也见于滇东岳家山组近底部。因此，小溪峪组含此鱼化石地层可与岳家山组下部对比。

（三）滇东与黔西、川西、川北等地文洛克统—普里多利统的对比

　　滇东与黔西、川西、川北等地文洛克统–普里多利统的简要对比见表 1.7。滇东与黔西赫章地区志留系对比在上面章节中已述及，在这一节中主要是讨论与川西二郎山和川北广元地区志留系的对比。

　　1. 滇东、黔西与川西二郎山地区志留系的对比

　　根据金淳泰等（1989）的报道，川西二郎山地区文洛克统—普里多利统由下而上分为：岩子坪组、洒水岩组和麻柳桥组。

　　岩子坪组：以紫红色泥岩和深灰色白云岩为特征，由下而上可分 4 段：第一段为紫、紫红色泥岩夹黄绿色泥岩、粉砂岩，厚 91m，未见任何化石；第二段为深灰色厚层微晶白云岩，偶夹紫、绿色泥岩层，厚 30m[①]；第三段为灰绿色薄层致

[①] 另据金淳泰等（1997）报道，该组第二段顶部（厚 4.31m）尚含 *Retziella uniplicata* 和 *R.minor*。

密泥岩、白云质泥岩，厚 118m，产双壳类 *Modiolopsis*? sp.、*Modromorpha*? sp.、*Cosmogoniophora* sp.及腕足类 *Lingula* sp.；第四段为深灰色厚层含砂质、生物碎屑结晶白云岩和暗紫、灰绿色厚层含铁砂质结晶白云岩，厚 41m，未发现化石，与上覆洒水岩组、下伏爆火岩组整合接触。

洒水岩组：岩性主要为灰、深灰色瘤状、厚层状泥灰岩、石灰岩，灰绿色粉砂质泥岩及厚层生物灰岩，厚 117m。与上覆麻柳桥组整合接触。所含化石有腕足类 *Retziella*、*Protathyris*、*Nikiforovaena*、*Spirinella*、*Eoschizophoria* 等和牙形石 *Ozarkodina crispa* 等。

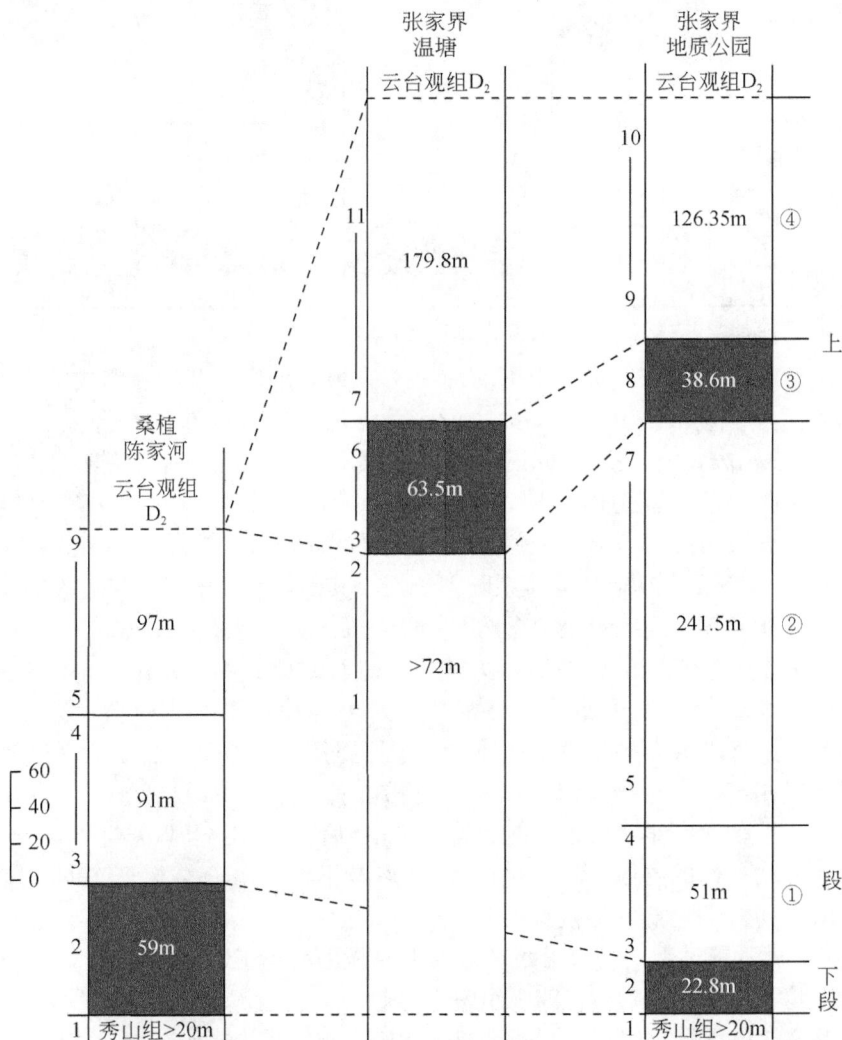

图 1.12　湖南张家界-桑植一带小溪峪组柱状对比示意图（据王怿等，2010）

表 1.7　滇东与黔西、川西和川北等地文洛克统−普里道利统的对比

年代、地层 系	统	阶	云南曲靖	贵州赫章	川西二郎山	川北广元
上覆地层			翠峰山组D₁	丹林组D₁	陡牛子组D₁	D₂或梁山组P₂
志留系（部分）	普里多利统	未建阶	玉龙寺组 387m ▲×		麻柳桥组 162m	中间栎组 ◻240m
	拉德洛统	卢德福特阶	妙高组 758m ▲×		洒水岩组 177m ▲×	车家坝组 ◻▲147m
		戈斯特阶	关底组 563m		岩子坪组 280m — 4段（红层）41m / 3段（绿色层）▲118m	金台观组 168m — 紫色层 40.6m / 黄色层 ▲37m
	文洛克统	侯默阶	岳家山组223m ▲	狗飞寨组 229m — 上段（120m）▲	2段（绿色层）30m	
		申伍德阶		下段（红层）109m	1段（红层）91m	紫色及黄色 91m
下伏地层			双龙潭组−∈₂	沧浪铺组−∈₁	爆火岩组	宁强组

注：▲ *Retziella*动物群；× *O. crispa*动物群；◻ *O. Snajdri*动物群。

麻柳桥组：根据岩性可分上下两段：下段为灰色厚层灰质泥岩夹石灰岩透镜体，厚 46m，产四射珊瑚 *Cystiphyllum*、*Microplasma*、*Zelophyllum*、*Cysticonophyllum*，床板珊瑚 *Favosites*、*Mesofavosites* 和腕足类 *Howelella*、*Eospirifer* 等；上段为灰色厚层含砂质白云岩、白云质灰岩、钙质砂岩夹少量泥岩，底部为深灰色中厚层石灰岩，产牙形石 *Lonchodina Walliseri*、*Lingonodina silurica*、*Trichonodella inconstans* 等，厚度大于 116m。其上与泥盆系陡牛子组，其下与洒水岩组均整合接触。

根据上述资料，洒水岩组中含腕足类 *Retziella*，牙形石 *Ozarkodina crispa*，该两属种也见于滇东地区的妙高组，大致可以进行对比。麻柳桥组可与滇东的玉龙寺组比较。岩子坪组的第四段为海相红层，可与关底组部分相当。第二段顶部（4.31m）和第三段可与岳家山组比较。岩子坪组第二段下部（25.2m）可与黔西狗飞寨组上段相当，而岩子坪组第一段可与黔西狗飞寨组下段相比较，两者不仅岩性相似，而且厚度也非常接近，前者厚 109m，后者厚 91m。除岩性外，岩子坪组含 *Retziella* 动物群的层段（第二段上部）亦可与不含 *O. crispa* 牙形石的岳家山组、狗飞寨组含同一动物群的层段进行对比。

因此，就目前情况而言，川西二郎山剖面是当前扬子地台发现的志留系最完整的剖面。其下与奥陶系上部二郎山组整合接触，其上与泥盆系陡牛子层整合接触。发育了兰多弗里统鸳鸯岩组、罗圈湾组、龙胆岩组、长岩子组和爆火岩组；文洛克统——拉德洛统下部岩子坪组；拉德洛统——普里多利统洒水岩组和麻柳桥组。剖面完

整，层序清楚，大多数层位无论岩性或化石组合均与扬子地台本部和滇东地区、川北地区相似，对阐明滇东曲靖地区与扬子地台本部志留系的对比关系起重要作用。

应当提及的是，四川二郎山地区的志留系从爆火岩组中上部开始，出现强烈咸化现象，岩性以白云岩为主，化石稀少，其上的岩子坪组不仅含白云岩，且其底部（一段）和顶部（四段）以红层为主，除洒水岩组无白云岩外，其上的麻柳桥组顶部亦为白云岩。因此，该地的志留系从兰多弗里世后期开始至普里多利世的沉积已以近岸浅水潟湖相沉积为主，显示从此时开始，四川二郎山地区已处于与外海隔绝的海湾状态。陈旭等（1966）曾称之为二郎湾或大关湾。该湾的尽头应在二郎山一带以西，海水来自扬子内海大关一带。

关于岩子坪组的时代及其与下伏爆火岩组的关系目前意见不一。金淳泰等（1989）认为岩子坪组与爆火岩组为整合接触，岩子坪组置于上志留亚系，陈旭等（1996，88 页）认为其上与洒水岩组之间为隐伏不整合，岩子坪组时代为兰多弗里世末期，并将其与回星哨组对比。1997 年，金淳泰等在岩子坪组第二段顶部（其厚 4.31m）地层中采到 *Retziella uniplicata*（Grabau）和 *R. minor*（Hayasaka）。将岩子坪组归属拉德洛统，与滇东岳家山组、重庆、湖南边境的回星哨组和川北的金台观组对比，岩子坪组与爆火岩组之间改为假整合接触。2010 年，王怿等将岩子坪组置于拉德洛统，与爆火岩组为假整合接触。

作者认为岩子坪组与爆火岩组的岩性均为白云岩、白云质泥岩等，同为近岸浅海潟湖相沉积，很难说明它们中间有一个长期的沉积间断。另外，关于岩子坪组的时代，将其置于拉德洛世也有几个问题仍待解决。首先，*Retziella* 仅见于岩子坪组第二段顶部（4.31m），岩子坪组第二段下部 25.2m 及第一段 90.87m 地层尚未见到 *Retziella*，它们也属拉德洛统（？）。其次，*Retziella uniplicata* 等在滇东的分布从岳家山组底部一直延续到玉龙寺组，说明它是一个长命的种。无论从 *Retziella* 属的分布（兰多弗里统顶部—早泥盆世 Lohkovian 阶）和种的分布来看，将 *Retziella* 动物群的时代归属拉德洛世晚期是不可信的。最后，金淳泰等（1997，167 页）认为，川北金台观组，滇东岳家山组，川西岩子坪组，渝、鄂、湘、黔边境的回星哨组均为拉德洛世早期沉积，而将秀山组、宁强组、爆火岩组等归兰多弗里世晚期。但回星哨组与秀山组是连续沉积，这是公认的看法。既然是连续沉积，那么回星哨组及其相当的地层应有一部分属于文洛克统，不可能在一个连续沉积的剖面中缺失文洛克统。因此，金淳泰等否定扬子地台文洛克统的存在是不正确的。已承认回星哨组和秀山组是连续沉积，又分别将它们归属拉德洛世早期和兰多弗里世晚期是自相矛盾的。

2. 滇东、黔西与川北广元一带文洛克统—普里多利统的对比

根据金淳泰等（1992）的报道，四川北部广元一带的文洛克统—普里多利统

可以划分为 3 个组，由下而上为：金台观组、车家坝组和中间槛组。主要岩性和化石如下：

金台观组：岩性以紫红色粉砂质泥岩为主，夹黄绿、蓝灰色粉砂质泥岩及黄褐色泥质粉砂岩，并常作不规则的韵律沉积，除含较多的 *Lingula* 外，仅见少量双壳类、鱼骨片、轮藻和鲨化石，含小型波痕及虫跡，厚 54~168m。

在命名剖面上，岩性大致可分三段：下段（5~7 层），紫、黄色含粉砂质泥岩，有时组成韵律层，含小型波痕及虫跡，厚 91m；中段（8 层）为黄色粉砂质泥岩夹薄层石英粉砂岩，砂岩中含腕足类化石[①]。层面上见虫跡，厚 38m；上段（9 层）为紫、黄绿色粉砂质黏土岩，以紫色为主，厚 40m，总厚 168m，其下与特列奇期的宁强组，其上与拉德洛世的车家坝组均呈整合接触。

车家坝组：岩性除顶底为黄褐色粉砂质泥岩夹薄层粉砂岩外，主要为灰绿色与紫红色粉砂质泥岩、薄层粉砂岩之间的互层。局部地区中下部有时夹薄层状生物介壳泥晶灰岩透镜体及扁豆体。虫跡与波痕在泥岩及泥质粉砂岩中发育。腕足类以发育 *Retziella-Nikiforovaena* 为特征；牙形石以 *Ozarkodina snajdri* 为代表。与下伏金台观组，上覆中间槛组均呈整合接触，厚度由 133~169m。

中间槛组：岩性以黄褐色泥岩、粉砂质泥岩、薄层泥质粉砂岩为主，夹紫色泥岩，沿走向其中下部夹少量薄层至中厚层生物介壳厚层泥晶灰岩或砂质灰岩；上部偶夹钙质砂岩或砂质灰岩团块。在砂岩及泥岩面上，可见丰富的虫跡和浅水波痕，含腕足类 *Retziella uniplicata-Atrypoidea foxi-Howellela tingi* 等化石及牙形石 *Ozarkodina snajdri* 带（王怿等，2010）等，厚 80~240m，其下与车家坝组整合接触，其上与中泥盆统为假整合接触。

川北广元的车家坝组和中间槛组含拉德洛统卢德福特阶的牙形石带化石 *O. snajdri*，可与滇东的关底组、妙高组对比。位于其下的金台观组上段为红层，其层位可能与川西二郎山岩子坪组顶部四段红层和关底组红层部分层位相当，它们同位于含拉德洛统牙形石带地层之下。金台观组中段黄色岩层可与二郎山岩子坪组二段和三段，贵州赫章狗飞寨组上段和滇东曲靖岳家山组部分相同。金台观组一段海相红层的岩性和厚度（91m）亦可与二郎山岩子坪组一段红层（91m）和贵州赫章狗飞寨组下段红层（109m）相比较（对比关系见表 1.7）。

（四）滇东、黔西志留系与湖北、安徽、江苏同期地层的对比

滇东、黔西志留系与湖北、安徽、江苏同期地层的对比见表 1.8。现分别叙述如下：

[①] 根据金淳泰等（1997）报道，该组此二段亦含 *Retziella uniplicata* 等。

表 1.8　滇东黔西志留系与湖北、安徽、江苏等地同期地层的对比

年代、地层 系/统/阶	地区	云南曲靖	贵州赫章	云南大关	湖北崇阳	安徽贵池-石台	江苏江宁	江苏句容 #Jc-2	江苏泰州 #N-4	江苏大丰 #Nc-2
	上覆地层	翠峰山群	丹林组D₁	翠峰山群D₁	五通组D₃	五通组D₃	五通组D₃	五通组D₃	五通组D₃	五通组D₃
志留系（部分） 普里道利统	未建阶	玉龙寺组 ×●AS 387m				茅山组 >450m	茅山组 >154m	茅山组	茅山组 >60m	茅山组
拉德洛统	卢德福特阶	妙高组 758m ×●AS	狗飞寨组 上段120m / 下段 红层229m	菜地湾组 上段>17m / 下段 红层92m 109m	茅 山 组 ●Ae ●Gr ●Gv	坟	●AS 坟	●AS 坟	●Fk ●Gp 坟	●Fk ●Gp 坟
	戈斯特阶	关底组 563m ×●AS			●Ge	头	头	头	头	头
文洛克统	侯默阶	岳家山组 223m		大路寨组	坟 头 组 ●Gs ●Vp	组 630m	组 214m	组 679m	组 539m	组 360m ●Cc ●Aa
	申伍德阶		沧浪铺组∈₁							
	下伏地层	双龙潭组∈₂				河沥溪组	侯家塘组	高家边组	高家边组	高家边组

注：牙形石带：×Ozarkodina crispa。几丁虫带：Aa.Ancyrochitina ansarviensis；Ae.Angochitina elongata；As.A. sinica；Cc.Cingunochitina cingulata；Fk.Fungochitina kosovensis；Gl. Grahmichitina lycoperdoides；Gp. G. philipi；Gr. G. rarispinosa；Gs. G. solida；Gv. G. vesiculosus；Vp. Angochitina visbyensis-Conochitina pauca。

1. 与湖北崇阳地区的对比

根据湖北省地质矿产局（1990）的报道，崇阳地区西部的蒲圻县斗门桥一带的坟头组按岩性可分为上、中、下三段。上段为黄绿色中至厚层含生物碎屑泥质粉砂岩，厚约 70m，顶部浅黄色至红棕色泥质粉砂岩（厚 11.5m），为海相红层，红层之下即为化石层，含三叶虫 *Coronocephalus rex* Grabau，腕足类 *Salopina minuta* Rong et Yang、*Striispirifer shiqianensis* Rong et Yang 等。有些地方在上部含化石层之上尚有厚度不等的不含大化石的地层。耿良玉等（1999）在崇阳田心屋坟头组离顶 21m 处采获文洛克世申伍德期早期的几丁虫化石 *Conochitina pauca* Tsegelnjuk，*Angochitina longicollis* Eisenack 等化石，并认为属 *Visbyensis-pauca* 带。在此带之上至坟头组顶部与茅山组最底部之间（CT 160～162）采获几丁虫 *Angochitina longicollis* Eisenack、*Grahnichitina solida*（Tsegelnjuk）、*G. angulata*（Tsegelnjuk）、*Eisenackitina venusta*（Tsegelnjuk）及 *Cingulochitina bohemica* sp. nov. 等，属 *G. solida* 带。上述两带均属文洛克世早期的申伍德期。

中段为黄绿色中至厚层粉砂岩、泥质粉砂岩，含砾砂岩和砾状磷块岩，厚 294.5m，含棘鱼 *Sinacanthus* cf. *wuchangensis* 等化石。

下段为黄绿色夹紫红色薄至中厚层状泥质粉砂岩、黏土岩，底部为紫红色页岩，厚 389m，与江苏的侯家塘组层位大致相当，也与武汉以西的溶溪组红层相当。

此地坟头组上段的红层可能与黔西狗飞寨组下段红层部分层位相当，也与武汉地区的锅顶山组（有人称其为坟头组）红层，湘西小溪峪组下段红层和重庆秀山回星哨组下段红层层位相当。它是上述红层向东的相变，相变成坟头组上部海相红层，时代为文洛克世早期。该红层向东可追索至安徽宿松、怀宁、巢湖、含山一带的坟头组上段，紫红色粉砂质页岩夹层，断续出露数百公里（安徽省地质矿产局，1987）。安徽铜陵寨山的茅山组底部也见该红层的存在。

湖北蒲圻-崇阳地区坟头组上部海相红层层位的确定，说明武汉以西的回星哨组下段及其相当的海相红层至少有一部分属于文洛克世。

武汉以东坟头组上部海相红层与其下的坟头组底部海相红层（湖北蒲圻），安徽、江苏的侯家塘组红层，安徽南部的清水组海相红层可分别与上扬子地区的回星哨组和溶溪组海相红层对比。值得注意的是这些地区的坟头组下部也有海相红层分布（安徽省地质矿产局，1987）。

茅山组：岩性为黄绿、灰黄色时夹紫红色中至厚层状石英砂岩夹粉砂岩、页岩，局部含磷，未见化石，厚 60～370m。耿良玉等在崇阳田心屋的茅山组下部（图 1.13 的寨山组）采获几丁虫化石（图 1.14），由下而上为：

CT 166: *Grahnichitina lycoperdoides*（Laufeld）、*Sphaerochitina papillata* Tsegelnjuk，属文洛克世侯默期的 *G lycoperdoides* 带。

CT 167：*Grahnichitina lycoperdoides*（Laufeld）、*Sphaerochitina papillata* Tsegelnjuk 和 *Grahnichitina vesiculosus*（Tsegelnjuk），属新建的 *G. vesiculosus* 带，时代相当于拉德洛世早期戈斯特期的 *nilssoni* 笔石带。

CT 170：*Conochitina pauca* Tsegelnjuk、*C. vesiculosus*（Tsegelnjuk）和 *Angochitina rarispinosa* Geng *et al.*，属于 *A. rarispinosa* 带，层位与拉德洛世早期戈斯特期的 *scanicus* 笔石带相当。

CT 171～176：*Angochitina rarispinosa* Geng *et al.*、*A. elongata* Eisenack、*Grahnichitina vesiculosus*（Tsegelnjuk）、*Oochitina cristula*（Tsegelnjuk），属 *A. elongata* 带，时代相当于拉德洛世戈斯特期最晚期—卢德福特期的 *leintwardinensis* 带。

滇东的关底组上部—玉龙寺组含几丁虫 *Angochitina sinica* 带，因此，崇阳地区的茅山组下部可与滇东的关底组下部和岳家山组对比。

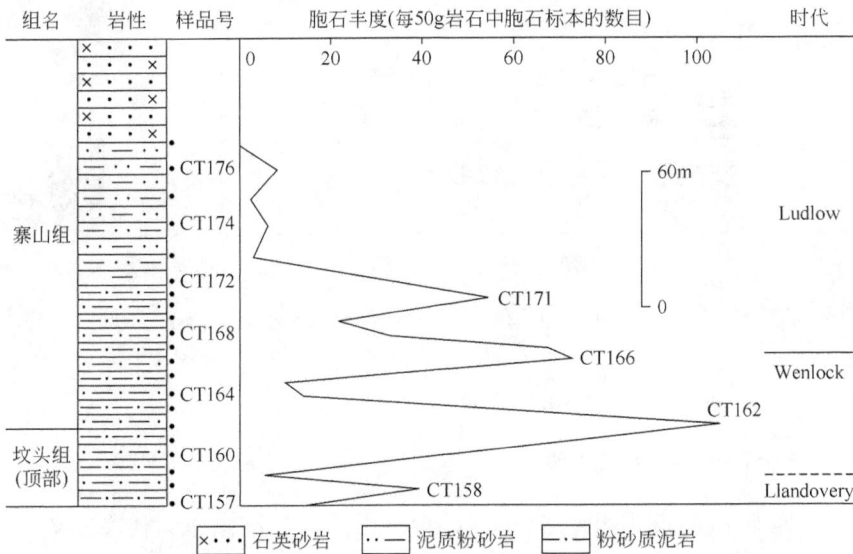

图 1.13　湖北崇阳田心屋坟头组顶部、寨山组胞石丰度图（据蔡习尧，1985；耿良玉等，1999）

寨山组相当本书的茅山组下部。①此地文洛克统总厚约 57m；②志留系兰多弗里统、文洛克统、拉德洛统为连续沉积，不存在兰多弗里世末期"扬子上升"。

坟头组上部：

CT 159：*Conochitina visbyensis-C. pauca* 带申伍德期早期。

CT 160～162：*Grahnichitina solida* 带申伍德期中晚期。

茅山组下部：

CT 166：*Grahnichitina lycoperdoides* 带侯默期中晚期。

CT 167：*Grahnichitina vesiculosus* 带戈斯特期早期相当 *nilssoni* 带。

CT 170：*Grahnichitina rarispinosa* 带戈斯特期晚期相当 *scanicus* 带。

CT 171～176：*Angochitina elongata* 带戈斯特期最晚期—卢德福特期早期

年代地层			笔石带	胞石带		Nc-2	N-4	Jc-2	Z-5	坟头	侯家塘	谢家阡	田心屋	大庸	曲靖
Pridoli			bouceki-transgrediens												
			branikensis-lochkovensis	thyrae			■								■
			parultimus-ultimus	kosovensis		■	■								■
Ludlow	Ludfordian		formosus	sinica			■			■	■	■	■		■
			bohemicus temuis-kozlowski	philipi			■								
			leintwardinensis	elongata		■							■		
	Gorstian		scanicus	rarispinosa									■		
			nilssoni	vesicularis									■		
Wenlock	Homerian		ludensis	lycoperdoides									■		
			praedeubeli-deubeli												
			parvus-nassa												
			lundgreni												
	Sheinwoodian		rigidus-perneri	cingulata	solida	■							■		
			riccartonensis-belophorus	ansarviensis		■							■		
			centrifugus-murchisoni	visbyensis-pauca									■		

■ 有胞石证据　　□ 无胞石证据

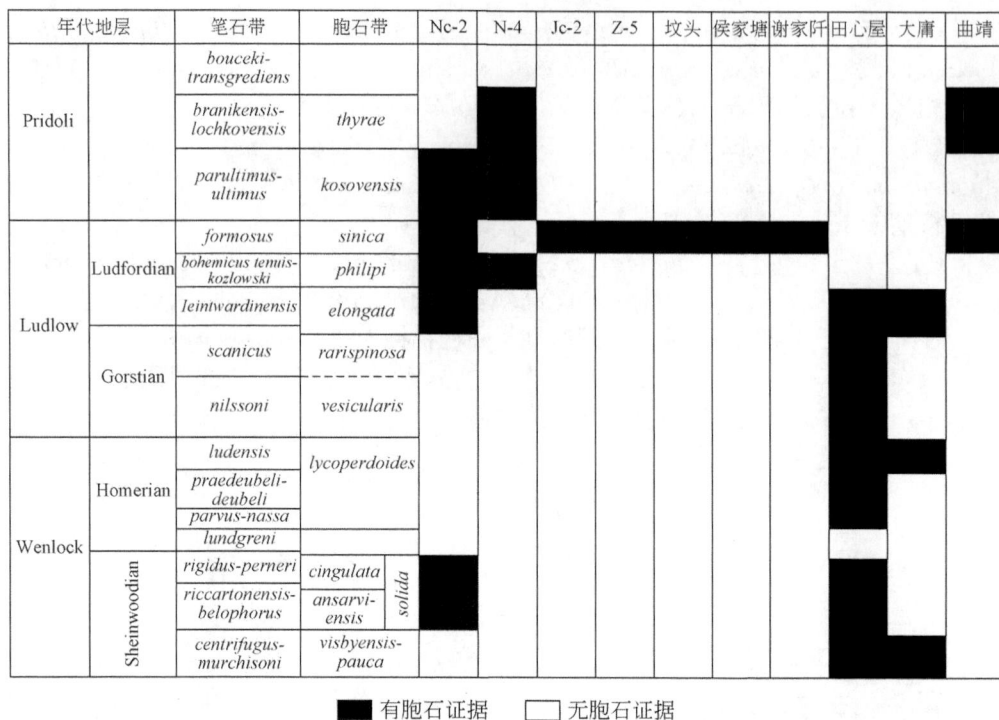

图 1.14　扬子区 6 个地表剖面 4 个地下剖面后 Llandovery 世胞石带对比（据耿良玉等，1999）

①扬子地台几丁虫化石带与笔石带的对比关系；②扬子地台的井下和地面剖面均证明志留系为连续沉积，不存在兰多弗里世末的"扬子上升"

2. 与安徽贵池-石台地区的对比

坟头组：该区的坟头组厚 630m，以巢湖市附近的旗山作为代表，又可进一步划分为两段：下段由灰绿色和紫红色中厚层石英砂岩组成，夹有粉砂岩。化石稀少，厚度由 62m 至 250m，含鱼化石 *Sinacanthus* sp.，双壳类 "*Isocardia*" *bohemica*；上段由灰绿、黄绿色中厚层泥质粉砂岩组成，其厚度向西北方向减薄，由 380m 减至 50m，此段产三叶虫 *Coronocephalus rex*、*C. gaoluoensis*、*C. elegans*、*Kailia intersulcata*，腕足类 *Striispirifer hsiehi*、*Howellela shiqianensis* 等（陈旭等，1996）。

茅山组：茅山组可分为三段，总厚 450m。下段为灰绿色石英砂岩和粉砂岩，夹砂质页岩，厚度由东南向西北递减，由 378m 减至 17m；中段为灰黄、灰绿、紫红色中厚层石英砂岩为主，夹有砂岩，厚度由 5m 至 55m。向东在此段上部有一层（15～18m）赤铁矿，含双壳类 *Modiolopsis* sp.、*Eoschizodus* sp.以及一些鱼形化石和胞石；上段由灰白色至紫红色中厚层石英砂岩组成，并有泥质粉砂岩夹层，不完整厚度 2～17m（陈旭等，1996）。根据侯静鹏 1979 年报道，后经耿良玉等（1999）修订，在该地区的东部安徽南陵县戴家汇水库谢家矸剖面茅山组含几丁虫 *Angochitina sinica* Cramer、*A. elongata* Eisenack、*Grahnichitina piriformis*（Eisenack）及 *G. langenomorpha*（Eisenack）等，属于 *Angochitina sinica* 带。

　　根据几丁虫化石 *A. sinica* 带的存在，可以认为，此地的茅山组可与滇东的关底组上部、妙高组和玉龙寺组含同一几丁虫化石带的地层进行对比（图 1.15、图 1.16）。位于其下的坟头组的时代大致为兰多弗里世特列奇期晚期至拉德洛世早期。

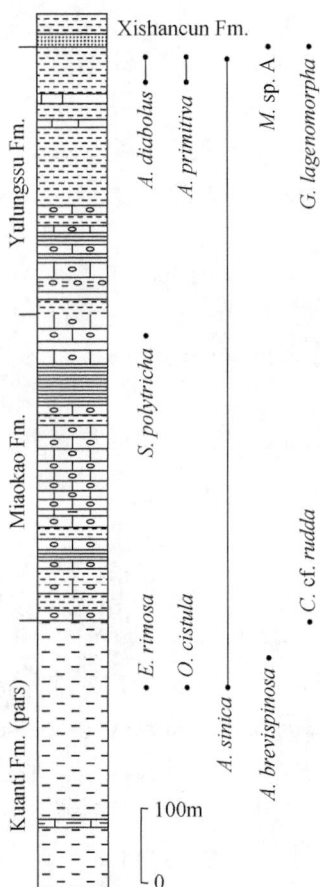

图 1.15　云南曲靖潇湘水库剖面关底组（包括本书岳家山组）、妙高组、玉龙寺组几丁虫化石带分布（据 Geng *et al.*，1997）

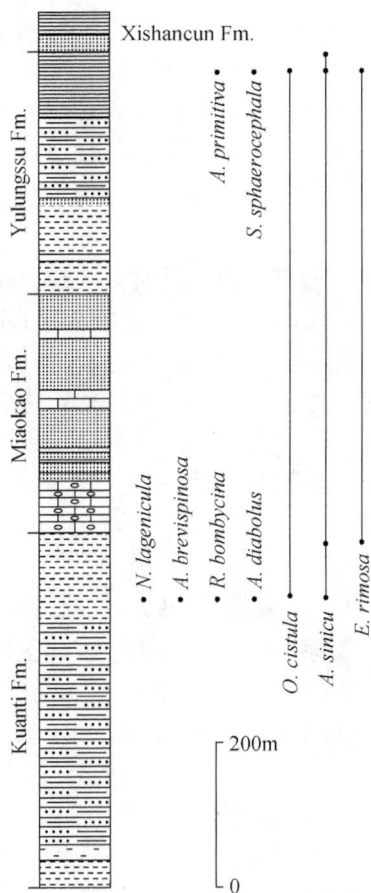

图 1.16　云南曲靖廖角山剖面关底组（包括本书岳家山组）、妙高组、玉龙寺组几丁虫化石带分布（据 Geng *et al.*，1997）

3. 与江苏南京市江宁区一带的对比

南京市江宁区的文洛克统–普里多利统可分为坟头组和茅山组。

江宁区坟头村是坟头组的命名地点。岩性主要有砂岩和粉砂质页岩组成。下部主要为石英细粒砂岩，产鱼化石 *Sinacanthus* 和腕足类 *Lingula*。砂岩中夹海相红层。中部到上部主要由粉砂质页岩组成，含腕足类 *Salopinella*、*Striispirifer*，三叶虫 *Coronocephalus* cf. *ovatus*，双壳类 *Orthonota perlata*，鱼 *Sinacanthus* 等，其中夹有 5 层磷灰质卵石粉砂岩。本组上部秀山动物群消失，仅见 *Lingula*，厚 214m（陈旭等，1996）。

Geng 等（1997）在坟头组离顶 15m 处采到几丁虫 *Eisenackitina* cf. *cyrtopleura* Tsegelnjuk、*E. rimosa* Umnova、*Grahnichitina campaniformis* sp. nov.、*G. piriformis*（Eisenack）[=Lin and Geng's（1985）*Angochitina longicollis*]、*Angochitina sinica* Cramer、*Nanochitina lagenicula*（Eisenack）和 *Conochitina* sp.等，应属于 *A. sinica* 带。

茅山组，岩性为灰色至黄灰色细粒石英砂岩组成，夹有一些硅质页岩条带，厚 154m。

这里的坟头组顶部含几丁虫 *Angochitina sinica* 带，该带为拉德洛统上部的带化石。因此，江宁一带的坟头组的顶界要高一些，它与贵池-石台地区的茅山组底部层位相当。标准地点坟头组的时限可能从兰多弗里世特列奇期—拉德洛世。其上的茅山组未见化石，但可能已进入普里多利世。

坟头组顶部可与滇东含 *A. sinica* 带的关底组上部、妙高组和玉龙寺组部分对比。茅山组应与玉龙寺组上部对比。

4. 与江苏句容市 Jc-2 井的对比

根据 Geng 等（1997）资料，江苏句容市 Jc-2 钻井的志留系可分为高家边组、坟头组和茅山组。茅山组之上为上泥盆统五通组平行不整合接触（图 1.17）。

坟头组，岩性为粉砂岩、泥质粉砂岩，具泥岩和页岩夹层，厚 679m，离顶约 366.7m 处含几丁虫 *Angochitina elongata* Eisenack、*Grahnichitina piriformis*（Eisenack）、*G.* sp. nov.，说明属 *Angochitina sinica* 带。该带之下的坟头组仅剩 312m，可能包括了兰多弗里统上部至拉德洛统下部戈斯特阶地层，文洛克统的厚度可能不到 200m。

该钻井离坟头组标准剖面南京市江宁区坟头村很近（约 30km），但坟头组的厚度比命名剖面坟头组厚度增加了近两倍。

Jc-2 井坟头组的顶部含拉德洛世带化石 *Angochitina sinica* 带的主要分子，因此，该地坟头组顶部可与滇东含相同化石带的关底组上部–玉龙寺组下部对比，坟头组中下部部分可与滇东的岳家山组、贵州赫章的狗飞寨组、云南大关的菜地湾组和大路寨组的一部分进行对比。

茅山组可与玉龙寺组上部进行对比。

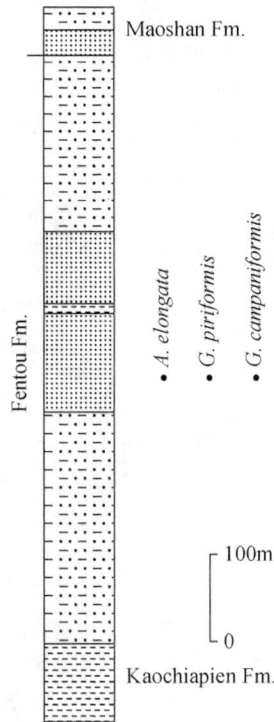

图 1.17　江苏句容县 Jc-2 井坟头组几丁虫化石（带）分布（据 Geng *et al*., 1997）

5. 与江苏泰州 N-4 井志留系的对比

根据 Geng 等（1997）资料，该井志留系可分为高家边组、坟头组和茅山组，其上为五通组平行不整合覆盖，其下与奥陶纪五峰组整合接触（图 1.18、图 1.19）。

坟头组岩性为粉砂岩–泥岩–砂岩系列，厚 539m。离顶 100m 处见 *Fungochitina kosovoensis* 带，一起出现的还有 *Grahnichitina piriformis*（Eisenack）、*G. campaniformis* sp. nov.、*Angochitina rarispinosa* sp. nov. 等，应属于普里多利世早期的 *A. kosovoensis* 带，该带延续 49.7m；离顶 120m 处见 *Grahnichitina philipi*（Laufeld），一起出现的还有 *Eisenackitina rimosa* Umnova、*Grahnichitina lagenomorpha*（Eisenack），*Angochitina elongata* Eisenack 等，应属于拉德洛世中晚期的 *G. philipi* 带，该带延续 1.1m。坟头组 *G. philipi* 带之下尚有 419m 未见带化石，这 419m 应包括兰多弗里统特列奇阶—拉德洛统下部地层。

茅山组为红层，厚约 60m。在其中部见有泥盆纪吉维特阶的几丁虫 *Fungochitina filose*（Collison and Scott），可能此处的茅山组有一部分属中泥盆世。也就是说五通组底部的海相红层直接覆盖在茅山组红层之上。此井，海相红层的时代应为普里多利世晚期。

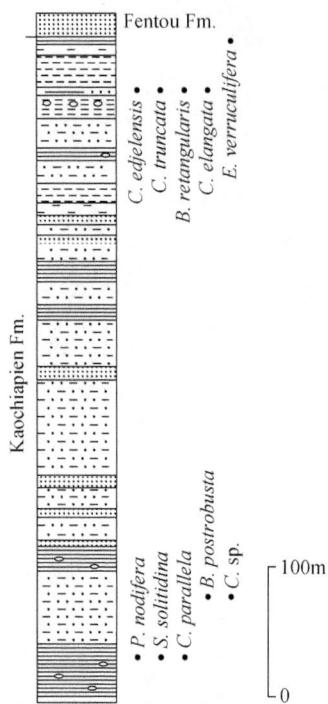

图 1.18　江苏泰州 N-4 井高家边组上部几丁虫化石（带）分布（据 Geng *et al.*，1997）

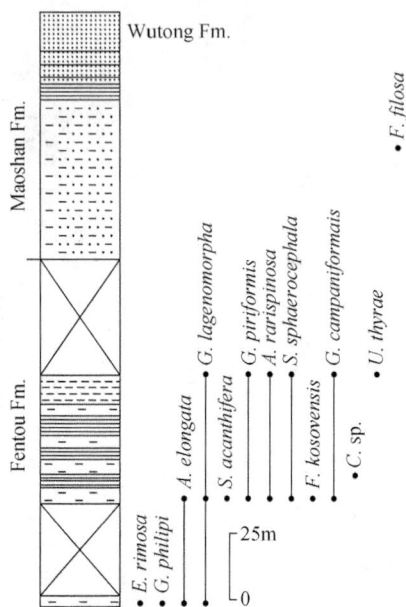

图 1.19　江苏泰州 N-4 井坟头组、茅山组几丁虫化石（带）分布（据 Geng *et al.*，1997）

此井坟头组上部含普里多利世早期的几丁虫带化石 *Fungochitina kosovoensis* 和拉德洛世晚期的 *Grahnichitina philipi* 带，因此，大致可与滇东关底组上部–玉龙寺组下部进行对比。坟头组中下部（约 419m）部分可与滇东的岳家山组、贵州赫章的狗飞寨组、云南大关菜地湾组和大路寨组等进行对比。

6. 与江苏大丰 Nc-2 井志留系的对比

根据 Geng et al.（1997）资料，江苏大丰 Nc-2 井坟头组岩性下部为粉砂岩与页岩的互层（约 160m）；中部为泥岩夹砂岩（约 100m）；上部为粉砂质泥岩与红层的互层（约 100m），共 360m。下与高家边组，上与茅山组整合接触（图 1.20）。未见大化石，但在其中部和上部含几丁虫 *Ancyrochitina ansarviensis*（离顶约 191.5m 处），*Cingunochitina cingulata*（离顶 145m 处），*Grahnichitina philipi*（离顶 100m 处）和 *Fungochitina kosovoensis*（离顶 20m 处）等化石带。根据上述带化石的分布，此井中的坟头组中上部地层中，文洛克统约占 91m，拉德洛统约占 80m，普里多利统约占 20m；坟头组下部（168.6m）应包括特列奇阶和文洛克世早期地层。此井，坟头组顶部红层时代应为拉德洛世晚期—普里多利世早期。

因此，江苏大丰 Nc-2 井的坟头组上部含普里多利世早期几丁虫 *Fungochitina kosovoensis* 带地层和其上的茅山组大致可与滇东玉龙寺组上部对比。坟头组上部的底部含拉德洛世几丁虫 *Grahnichitina philipi* 带地层大致可与关底组和妙高组对比。中部的中下部地层含文洛克统几丁虫 *Cingunochitina cingulata* 带和 *Ancyrochitina ansarviensis* 带，大致可与滇东的岳家山组和黔西狗飞寨组对比。坟头组最下部地层可能与云南大关的大路寨组部分地层层位相当。

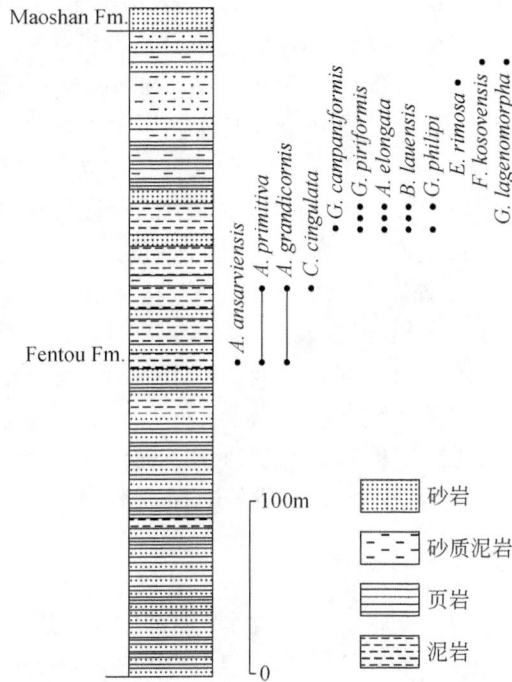

图 1.20　江苏大丰 Nc-2 井坟头组几丁虫化石（带）分布（据 Geng *et al.*，1997）

八、扬子地台壳相动物群在西秦岭混合相地层中发现的启示

（一）西秦岭文洛克统的下界及其对扬子地台文洛克统下界的启示

据付力浦等（1983）报道，在甘肃省舟曲县小梁沟剖面的 10～18 层，以小梁沟组命名，共厚约 175m。小梁沟组底部，第 10 层（厚 51.3m）含笔石 *Cyrtograptus sakmaricus*、*Monoclimacis vormerina*、*M. priodon*、*Stomatograptus* sp. 等，属于 *Cyrt. sakmaricus* 带；在其上部 15 层（厚 2.1m）（该层距离第 10 层 *Cyrt. sakmaricus*

带之上 71m）含宁强组、白崖垭组及其相当层位的珊瑚 *Stelliporella illa*、*Falsicatenipora dazhubaensis*、*Shedohalysites orthopteroides*、*Halysites yumenensis*、*Mesosoleniella* sp.、*Taxopora salairica* 等，并与笔石 *Cyrt.* cf. *insectus*、*C.* ex. gr. *Sakmaricus*、*Monograptus* sp.、*Retiolites geinitzians angustus* 等共生，付力浦等认为应属于 *Cyrt.insectus* 带。在不远的四川若尔盖县热尔沟的小梁沟组中尚含 *Retziella uniformis*、*Xinanospirifer* sp.等，后者亦是宁强组、秀山组及其相当层位的常见分子。宁强组及其相当层位的珊瑚、腕足类与笔石 *Cyrt. insectus* 带共生，证明宁强组及其相当层位地层可能属于 *Cyrt. insectus* 带，此地兰多弗里统和文洛克统的分界可能在小梁沟组 15 层与 16 层之间通过。另外，也说明 *Retziella* 的最低层位已下延至兰多弗里统上部，与宁强组 *Xinanospirifer* 和珊瑚等共生。

因此，在扬子地台区，由于宁强组及其相当层位的珊瑚、腕足类等动物群在西秦岭与笔石 *Cyrtograptus insectus* 笔石带共生，而且位于其下的 *Cyrt. sakmaricus* 带之上 71m；在东秦岭与宁强组相当的白崖垭组的珊瑚群也位于 *Cyrt. sakmaricus* 带之上或共生。证明宁强组及其相当层位的壳相动物群层位大致与 *sakmaricus* 带-*insectus* 带相当。文洛克统的底界应划在第一类型秀山动物群之顶，也就是说兰多弗里统与文洛克统的分界在川湘边境应置于回星哨组、小溪峪组与秀山组之间，滇东北的菜地湾组与大路寨组之间，川西的岩子坪组与爆火岩组之间和川北的金台观组与宁强组之间，这条界线大致相当于 *Cyrt. insectus* 带的顶界。

小梁沟组生物群的进一步研究，对解决扬子地台文洛克统与兰多弗里统之间的界线具有极其重要的参考价值，精确界线有待今后确定。

（二）西秦岭文洛克统的上界

在西秦岭甘肃省舟曲县一带，马尔组（原名庙沟组）厚 165.5～177.5m，在其顶部 17 层（厚 55m）的上部（F14）富含头足类 *Kionoceras* sp.、*K. styliforme*、*Parakionoceras*? *woodwardi*；中部（F15）产头足类 *Geisonoceras* cf. *senile*、*Michelinoceras valens*、*Kionocoras styliforme*；下部（F16）富含 *Retziella nucleola*（极多）、*Rhynchotreta bailongjiangense*（极多）、*Protocertezorthis* sp.。另据 Rong Jiayu 和 Chen Xu（2003）的报道，尚含牙形石 *Ozarkodina nassa* 等，时代为文洛克世晚期。在其上的红水沟口组（原名为红水沟组）（厚 88m）含珊瑚 *Mesofavosites zhuquensis*、*Favosites* cf. *subgothlandicus*、*Propora* sp.，头足类 *Parakionoceras pectinatum*、*Geisonoceras* cf. *senile*，腕足类 *Retziella ingens*、*R. gigantea*、*Atrypoidea quadrata*，牙形石 *Spathognathodus silurica* 等和笔石 *Pristiograptus ultimus*、*P. praedubiuss* 等。文洛克统与拉德洛统的界线置于红水沟口组之底或马尔组之顶。

此地，马尔组大量 *Retziella* 属分子的发现，说明 *Retziella* 属自兰多弗里世小梁沟组 *Cyrtograptus insectus* 带出现以来，已发展到相当丰富的程度。这也证明，某些学

者将扬子地台 *Retziella* 属及其某些种的出现作为拉德洛世晚期的依据是值得考虑的。

根据 Zhao 和 Zhu（2010）的报道，在马尔组（文中称：Miaogou Fm.）中含 *Ischnacanthus* sp.和 *Nostolepis tewoensis*（Wang *et al.*，1988），称庙沟组合，可与云南东部的岳家山组上部进行对比，置于侯默期，并可与湘西的小溪峪组对比，同属于小溪峪动物群（Xiaoxiyu Fauna）。2015 年，该两作者将滇东岳家山组、关底组、湘西的小溪峪组上部、重庆回星哨组上部鱼类动物群改称扬子组合（Yangtze Assemblage）。根据牙形石，定其时代是拉德洛世晚期。尽管鱼类化石对地层时代的确定欠佳，但至少可以证明岳家山组、小溪峪组上部、回星哨组上部和马尔组等部分地层层位相当，可以进行对比。

九、扬子地台的文洛克统及其顶底界线

扬子地台区本部兰多弗里统上部—普里多利统以壳相为主，笔石化石仅在部分层位中发现，而世界志留系界线的确定则以笔石相地层的笔石带划分的，因而扬子地台区不仅界线不易确定，就连扬子地台区有无文洛克统，文洛克统的顶底界线在何处争论不休。本书根据现有发表的材料，试图对扬子地台区文洛克统及其顶底界线作一简要的综合分析。

（一）陕南紫阳-岚皋地区文洛克统的顶底界线

陕南紫阳-岚皋地区不属于扬子地台本部的范围，但它属于同一板块——华南板块北缘，笔石相和介壳相在兰多弗里世末期—文洛克世并存，而且呈相变关系。对扬子地台志留系界线的划分有很高的参考价值。

根据付力浦等（2005～2007）的报道和作者对该区志留纪壳相地层命名剖面的研究，紫阳-岚皋文洛克统及其界线的划分（表 1.9），该区文洛克统顶底界线的研究有助于扬子地台文洛克统界线的确定。

紫阳地区的志留系经付力浦等的研究，兰多弗里统上部—文洛克统划分为下部吴家河组，上部仙中沟组（或安坪梁组）。他们将其划分出 9 个笔石带，由下而上为：*Cyrtograptus lapworthi* 带、*C. sakmaricus* 带、*Cyrtograptus* sp. nov. 带、*C. insectus* 带、*C. centrifugus* 带[①]、*C. murchisoni* 带、*C. beloforus* 带、*M. folcatus* 带和 *C. lundgreni* 带。各带的主要分子如表 1.11 所示。文洛克统的下界划在仙中沟组下部 *C. centrifugus* 带与 *C. insectus* 带之间，与国际兰多弗里统—文洛克统的分界一致。该地未见文洛克统侯默阶顶部的 *ludensis* 带。最高层位笔石为文洛克统侯默阶底部的 *lundgreni* 带。

---

① 据王健先生面告，该种与典型种有差异。

表 1.9　陕西南部紫阳-岚皋地区兰多弗里世晚期-文洛克世生物群分析

年代	地区 化石 组	笔石带	主要分子(部分)	腕足类 鱼类	珊瑚、腕足类、层孔虫	笔石	地区 化石 组	年代
文洛克统	仙中沟组 (>164m)	C. lundgreni带			Mesofavosites obliquus Sokolov Subalveolites panderi Sokolov. S. eichwaldi Sokolov. Multisolenia septosus Sokolov. Halysites yumenensis C. M. Yu H. sussmilchi Etheridge Eocoelia sp. Nalivkinia sp. Ghassia sp. Labechia sp. Clathrodictyon vesiculosum M. et H.	ludensis 带	白崖垭组 (5~432m)	文洛克统
		C. belophorus带				falcatus带		
		C. murchisoni带						
		C. centrifugus带						
		C. insectus带	C. insectus	Hanyangaspiformis				
兰多弗里统(上部)	吴家河组(上部)	C. sp. nov.带	Monoclimacis filiformis M. murchisoni C. bohemicus C. salaris C. centrifugus C. tullbergi C. sp. nov. C. sakmaricus M. yomerina M. praeceriens Monogr. priodon Monoclimacis finmarchioni Oktavites spiralis S. shiqianensis S. sinensis Stomatogr. grandis C. lapworthi	Retziella cf. xinjiangensis		Sakmaricus带	吴家河组 (612m)	兰多弗里统(上部)
		C. sakmaricus带						
		C. lapworthi带						
		Ok. spiralis带						

紫阳一带 (据付力浦、张子福, 2008)

岚皋一带 (据付力浦、张子福, 2008; 林宝玉等, 1984, 1988, 1998)

　　岚皋地区兰多弗里统—文洛克统划分为吴家河组（五峡河组）和白崖垭组，为 1960 年项礼文、林宝玉、南润善命名，于 1963 年在"秦岭化石手册"上发表，初定两者均为文洛克统。后经多方工作，吴家河组归兰多弗里统，白崖垭组归文洛克统。此地白崖垭组为介壳相地层，富含床板珊瑚、层孔虫等化石，其中许多旧种也见于扬子地台区的秀山组、宁强组及其相当的地层中。经付力浦等（2008，404 页）的研究，在岚皋小镇白崖垭组命名剖面一带，紧接白崖垭组之下找到 *C. sakmaricus* 带化石。最近，根据 Tang 等（2015）的报道，在嵩皋城西北约 12km 的桥西剖面的白崖垭组上部（厚约 14m，Tang 等误称其为五峡河组）泥岩、砂质泥岩中，距底（或下部石灰岩之顶）约 6m 处见牙形石 *Pterospathodus eopennatus*、*Pterospa. amorphognathoides* subsp. indet.，相当层位尚含笔石 *Oktavites spiralis*（下）、*Cyrtograptus sakmaricus*（上）等，在其上约 6.8m 处含笔石 *Cyrtograptus* cf. *lundgreni*（可能属 *Cyrt. murchisoni* 带），牙形石 *Petrospathodus pennatus* subsp. indet. 等，大致属于 *Pt. p. procerus* 带。兰多弗里统与文洛克统的界线应在离白崖垭组下部石灰岩顶界之上约 6~6.8m。由于该段距离缺失标准化石，确切界线不易确定，但有一点可以肯定的是，兰多弗里统与文洛克统的界线大致在白崖垭组下部石灰岩顶界之上 6~6.8m。此外，在白崖垭组命名剖面（雏昆利，1992）的白崖垭组上部（雏昆利误称其为五峡河组）的砂页岩中找到笔石 *Cyrtograptus* cf. *sakmaricus*（6 层）、*Cyrt. lapworthi*（11 层）、*Cyrt. centrifugus*（12 层）、*Monograptus* cf. *riccartoniensis*（13 层）。后二者为文洛克统的笔石带。文洛克统的底界置于 12 层 *Cyrtograptus centrifugus* 带之底。该界线离白崖垭组下部灰岩之顶约 23.6m，其界线要比桥西剖面（白崖垭组命名剖面之西约 2km）文洛克统底界距白崖垭组下部页岩之顶要高出 17m 左右。由于雏昆利（1992）在紧贴下部石灰岩之上的砂页岩（6 层）找到笔石 *Cyrt.* cf. *sakmaricus*、付力浦（2008）在石灰岩之下也找到笔石 *Cyrt. Sakmaricus*，因此，命名剖面一带白崖垭组下部石灰岩的层位属于 *sakmaricus* 带，白崖垭组上部砂页岩的层位大致是 *sakmaricus* 带-*riccartoniensis* 带或更高。Tang 等（2015）在桥西剖面白崖垭组下部石灰岩之上 5m 处识别的 *O. spiralis* 带可能不准确，因为，在五峡河组命名剖面的白崖垭组下部石灰岩之下的五峡河组顶部已发现 *Cyrt. sakmaricus*，而 *O. spiralis* 首现层位在五峡河组底界之下（即陡山沟组顶部），该种在地层中分布延限很长（从陡山沟组顶到白崖垭组的 *centrifugus* 带）。白崖垭组与仙中沟组时限几相近，仙中沟组的时限由 *C. sakmaricus* 带顶部至 *lundgreni* 带，白崖垭组的时限由 *C. insectus* 带至 *M. belophorus* 带，两者为相变关系。在紫阳巴蕉口一带为碎屑岩相的仙中沟组，而在东部的岚皋一带则以壳相为主的白崖垭组。这两组地层相变关系为笔石相与介壳相地层的对比提供了极其重要的信息，归纳如下：

　　（1）紫阳一带兰多弗里统与文洛克统的界线划在笔石相的仙中沟组离底之上 12.2m 处的 *C. insectus* 带的顶界或 *C. centrifugus* 带的底界。

（2）岚皋一带文洛克统与拉德洛统的界线划在白崖垭组上部页岩之上，确切界线不明。

（3）岚皋地区兰多弗里统与文洛克统的界线划在壳相白崖垭组的上部，具体界线大致在白崖垭组上部距底部（或下部石灰岩之顶）6～6.8m 处（Tang 等称此间距为 0.73m）或命名剖面的 23.6m 处。

（4）第一类型秀山动物群的所有主要笔石化石如 *Stomatograptus grandis*、*S. sinensis*、*S. shiqiangensis*、*Oktavites spiralis*、*Monograptus priodon*、*M. parapriodon* 等均见于 *Cyrtograptus lapworthi* 带。说明第一类型秀山动物群中笔石群的消失的层位应在 *Cyrtograptus lapworthi* 带之顶或更高。

（5）腕足类 *Retziella* 属在 *C. sakmaricus* 带的出现证明该属在秦岭地区最早见于兰多弗里世的 *C. sakmaricus* 带上部，之后又见于西秦岭的马尔组（侯默阶），最后发育于普里多利世的南石门沟组，说明它不是拉德洛世—普里多利世的标准化石。

（6）与腕足类 *Retziella* 属在 *C. sakmaricus* 带发现的还有 *Hanyangaspis* 类的骨片，是否可以说明，武汉含 *Hanyangaspis* 的锅顶山组层位相当于或部分相当于 *sakmaricus* 带。

（7）由于兰多弗里统与文洛克统之间界线距离秀山组或其相当地层珊瑚动物群的白崖垭组下部石灰岩之上仅 6～6.8m，因此，扬子地台本部 S_1 与 S_2 之间的界线可能接近于秀山组之顶或回星哨组之底。

（二）扬子地台"秀山动物群"的类型和时代分析

"秀山动物群"在中国的许多文献中均有报道。

葛治洲等（1979）称其为 *Coronocephalus-Sichuanoceras-Salopina-Stomatograptus* 为首的动物群（170 页）。根据其中笔石、珊瑚、腕足类和头足类的分析，认为其中有许多属是国外文洛克世的分子，将其时代定为文洛克世早期为宜（175 页）。

林宝玉等（1984）称其为 *Coronocephalusrex-Sichuanoceras-Stomatograptus* 动物群，置于文洛克世早期。

戎嘉余（1986）称其为 *Salopinella-Coronocephalus-Sichuanoceras* 动物群（简称 SCS 动物群）。

王根贤等（1988）在文中分别称其为 *Coronocephalus-Stomatograptus-Salopinella-Sichuanoceras* 动物群（216 页），*Salopinella-Coronocephalus-Sichuanoceras* 动物群（223 页）和 *Salopinella-Coronocephalus* 动物群（回星哨组上段下部）（223 页），将其置于兰多弗里世末期，而前二者置于 C_6 期。

陈旭、戎嘉余等（1996）分别称其为 *Coronocephalus-Salopinella-Sichuanoceras-Stomatograptus* 动物群（即秀山动物群）（25 页），*Coronocephalus-Salopinella-Sichuanoceras* 动物群（89 页），*Salopinella-Coronocephalus-Sichuanoceras-*

Stomatograptus 动物群（即秀山动物群，129 页），称其时代为 *griestoniensis* 带上部—*spiralis-grandis* 带。

Rong Jiayu 和 Chen Xu（2003）称其为 *Salopinella-Coronocephalus-Sichuanoceras* 动物群，时代为"Late Telychian"（212 页）。

从上述部分文献的报道中可以看出，对于"秀山动物群"的名称和时代都有不同的看法，甚至某些作者在同一书中也使用不同的属名，即使属名相同，其前后顺序也不一致。因此，需要对"秀山动物群"的名称和时代作进一步的讨论。

1. 扬子地台"秀山动物群"的类型

根据作者的初步研究，过去所称"秀山动物群"可分为两种类型：

第一种类型的秀山动物群常含笔石 *Stomatograptus grandis*、*St. sinensis*、*St. asiaticus*、*St. shiqianensis*、*Oktavites spiralis*，牙形石 *Spathognathodus celloni* 及头足类 *Sichuanoceras*，腕足类 *Salopinella*、*Nikiforovaena*，三叶虫 *Coronocephalus*，珊瑚 *Erlangbapora*、*Carnegiea* 等。该类型主要见于宁强组中部、秀山组上段大部、大路寨组上部、翁项组上部、高寨田组上部（大部）等，可称之为 *Oktavites spiralis-Stomatograptus grandis-Spathognathodus celloni-Salopinella-Sichuanoceras-Coronocephalus rex* 动物群，分布区域大致是东起湖南西部张家界一带，西至云南大关-盐津地区，南至黔南地区，北至陕西宁强、四川广元一带，层位较低。

第二类型"秀山动物群"不含第一类型秀山动物群中的笔石、牙形石，而壳相化石无论属群或种群都显示极度贫乏，主要由第一类型秀山动物群少数壳相化石的上延分子如三叶虫 *Coronocephalus rex*、*Salopinella minuta*、*Nalivklinia magna*、*Sichuanoceras* 等组成，可称之为 *Salopinella-Sichuanoceras-Coronocephalus rex* 动物群，层位要高于第一类型秀山动物群，见于上扬子地区的宁强组上部、秀山组顶部至回星哨组上段底部，大路寨组顶部至菜地湾组下段底部、高寨田组顶部、翁项组顶部，湘西地区秀山组顶部至小溪峪组上段下部，此地还含几丁虫 *Angochitina longicollis* 等，大致相当于周希云等（1981，1985），丁梅华等（1985）的"牙形石 B 间隔带"。武汉及其以东的锅顶山组、夏家桥组、坟头组中上部也属于此类型。

2. 关于"秀山动物群"的时代

第一类型秀山动物群的时代属于 *griestoniensis* 带上部至 *Oktavites Spiralis-St. grandis-Spathognathodus celloni* 带目前分歧不大，现时的主要分歧是在于是否达到 *Spiralis-grandis-celloni* 带之顶。陈旭、戎嘉余等（1996）认为不到它们之顶，相当于 *Spiralis-grandis* 带的最下部（21 页）。而金淳泰等（1992）则认为已到这些带之顶，甚至已进入文洛克世。

根据付力浦等（2005）的报道，在紫阳地区建立了 *Cyrtograptus lapworthi* 带。

陈旭等（1966）不承认该带的存在，认为与典型的 *C. lapworthi* 有别。但是在该带中记录了 *Cyrtograptus* 属的 6 个种，说明已进入 *Cyrtograptus* 属的繁盛时期，而第一类型秀山动物群的主要笔石 *Oktavites spiralis*、*Stomatograptus grandis*、*St. sinensis*、*St. shiqianensis* 均见于该笔石带中。因此，可以间接证明，第一类型秀山动物群的时代不仅达到 *spiralis-grandis* 带之顶，而且可能已进入 *Cyrtograptus lapworthi* 带。据金淳泰等（1992）报道，宁强组上部已出现 *Cyrtograptus* sp.。这条界线大致在宁强组中部和上部之间（表 1.10）。

　　第二种类型秀山动物群在武汉以西明显看出它与第一种类型秀山动物群在层位上是上下关系。从秀山组顶部及其相当地层一直延续到回星哨组上段下部或小溪峪组上段下部。武汉以东的坟头组及其相当地层中也含这一类型动物群。其中从未见到笔石 *Stomatograptus grandis*、*St. sinensis*、*St. shiqianensis*、*Oktavites spiralis*，牙形石 *Spathognathodus celloni* 以及第一类型秀山动物群中常见珊瑚、头足类等壳相动物群的大部分属种，其时代可能相当于笔石 *sakmaricus-insectus-centrifugus* 带或更高。至于其底部，是否还包含第一类秀山动物群的层位有待今后证实。在张家界地区，它的顶界在张家界公园小溪峪组上段离顶约 51m 处以下，含有牙形石 *Aspidognathus ruginosus scutotus*，腕足类 *Nalivkinia magna*、*Spinochonetes notata*、*Striispirifer* sp.、*Howelella* sp.、*Coronocephalus rex*，几丁虫 *Angochitina longicollis*、*Eisenackina* sp.、*Conochitina* cf. *visbyensis* 等。后一种几丁虫已指示该动物群的顶界已进入 *C. visbyensis* 带，相当于笔石的 *centrifugus-murchisoni* 带。

　　武汉以东坟头组的顶界，主要是根据第二类秀山动物群的消失为依据确定的。而第二类秀山动物群在武汉以西，消失于小溪峪组上段下部。目前，大多数人的共识是秀山动物群消失的时代相同。因此，武汉以东的坟头组上部应该包括武汉以西秀山组顶部、小溪峪组下段（红层）和上段下部地层，以及与其相当的回星哨组、菜地湾组、"狗飞寨组"等相当地层的下段（红层）和上段下部地层。

　　武汉以东湖北崇阳田心屋坟头组上部文洛克世早期申伍德期 *Conochitina visbyensis-C. pauca* 带和 *Grahnichitina solida* 带的发现，南京地区坟头组顶部拉德洛世几丁虫 *Angochitina sinica* 带的发现等，为这一对比提供了充足的古生物学依据。坟头组顶界由西向东有逐渐升高的趋势。坟头组的顶界要高于秀山组的顶界。

（三）扬子地台文洛克统的下界

　　尽管大多数人都采用目前国际上文洛克统的下界划在笔石带 *insectus* 带，或 *sakmaricus-insectus* 带或 *crenulata* 带之顶，或笔石 *centrifugus* 带或 *centrifugus-murchisoni* 带之底，但是在具体划界过程中不仅在介壳相地层中有很大的争议，就是在笔石相的地层中，研究笔石的专家们意见也不一致。这种争议反映人们的主观意识和客观（地质实际）之间的矛盾。目前采用的分界也仅是阶段性的矛盾的统一。

表 1.10　扬子地台与陕南紫阳-岚皋地区部分志留系的对比

年代地层	笔石带*1	陕西紫阳*1	广元宜和 凤凰嘴-尖包*2	广元宜和 烟峋包*2	广元羊模 东山*2	重庆秀山 溶溪*3	贵州石阡 雷家屯*3	云南 大关*5	湖南 张家界*4	陕西 岚皋*5
拉德洛统	ludensis									ludensis带（白崖垭组）Multisolenia formosa Sok. Mesofavosites obliquus Sok. M. oculiporoides Sok. Subalveolites panderi Sok. Halysites yumenensis C. M. Yu H. suxomilchi Etheridge H. washehoensis Lin Antherolites septosus Sok. Catenipora lankaoensis Lin Heliolitella (Liankaolites) grandis Lin Clathrodicyon vesiculosum M. et H.
文洛克统	lundgreni				金台观组 四段(40.6m尾巴层)	回星哨组 上段(>57.4m)	回星哨组 上段(>10m)	菜地湾组 上段(>17m)	小溪峪组 上段(>457m)	
文洛克统	falcatus				三段(37.6m)					
文洛克统	beloforus				二段(76.8m) 一段(13.44m) 141.9m	下段(84.5m)红层 141.9m	下段(29m)红层 >39m	下段(92m) Coronocephalus changyimensis	下段(23m) A. longicollis	
	murchisoni	仙中沟组 C. murchisoni	宁强组 上部(>6.2m) Cyrtograptus Monograptus Dictyonema Coronocephalus rex Aspidognathus	未测	秀山组(上段) 上部(43.29m) Nalivkiniamagna Airyposis sp.	秀山组(上段) 上部(85m) S. minuta Strisspirifer shiqianensis Coronocephalus	秀山组(上段) 上部(112m) S. minuta Srisspirifer shiqianensis	大路寨组 上部(16m) Subalveolites elongatus	秀山组(上) 顶部(14~150m) Coronocephalus rex Nalivkinia	
	centrifugus	C. centrifugus (10.3m)								
兰多弗里统	insectus	C. insectus (2.6m)								
兰多弗里统	C. sp. nov.	C. sp. nov. (7m)								
兰多弗里统	sakmaricus	吴家河组 C. Sakmaricus (15m)	中部(>315m) St. grandis St. sinensis Ok. spiralis等	中部(>212m) Cyrtograptus sp. St. grandis St. asiaticus St. shiqianensis M. priodon Sp. celloni等	中部(>212m) St. sinensis Aspidognathus等	中部(213m) St. sinensis St. shiqianensis M. guizhouensis等	中部(192m) St. sinensis St. shiqianensis St. grandis girnanensis Pt. celloni等	中部(212m) St. sinensis Monoclimacis guizhouensis C. rex Nikiforovaena	下部(>31m) Spath. celloni Pterosp. pematus C. rex等	sakmaricus带（吴家河组）
	lapworthi	C. lapworthi St. grandis St. shiqianensis St. sinensis Ok. spiralis等								
	spiralis									

资料来源：*1 付力浦、张子福，2005；*2 金淳泰等，1992；*3 葛治洲等，1979；*4 王根贤等，1988；*5 林宝玉等，1984，1988。

在扬子地台的上扬子地区，关于文洛克统的底界到目前为止，可大致归纳有如下几条界线（图1.21）：

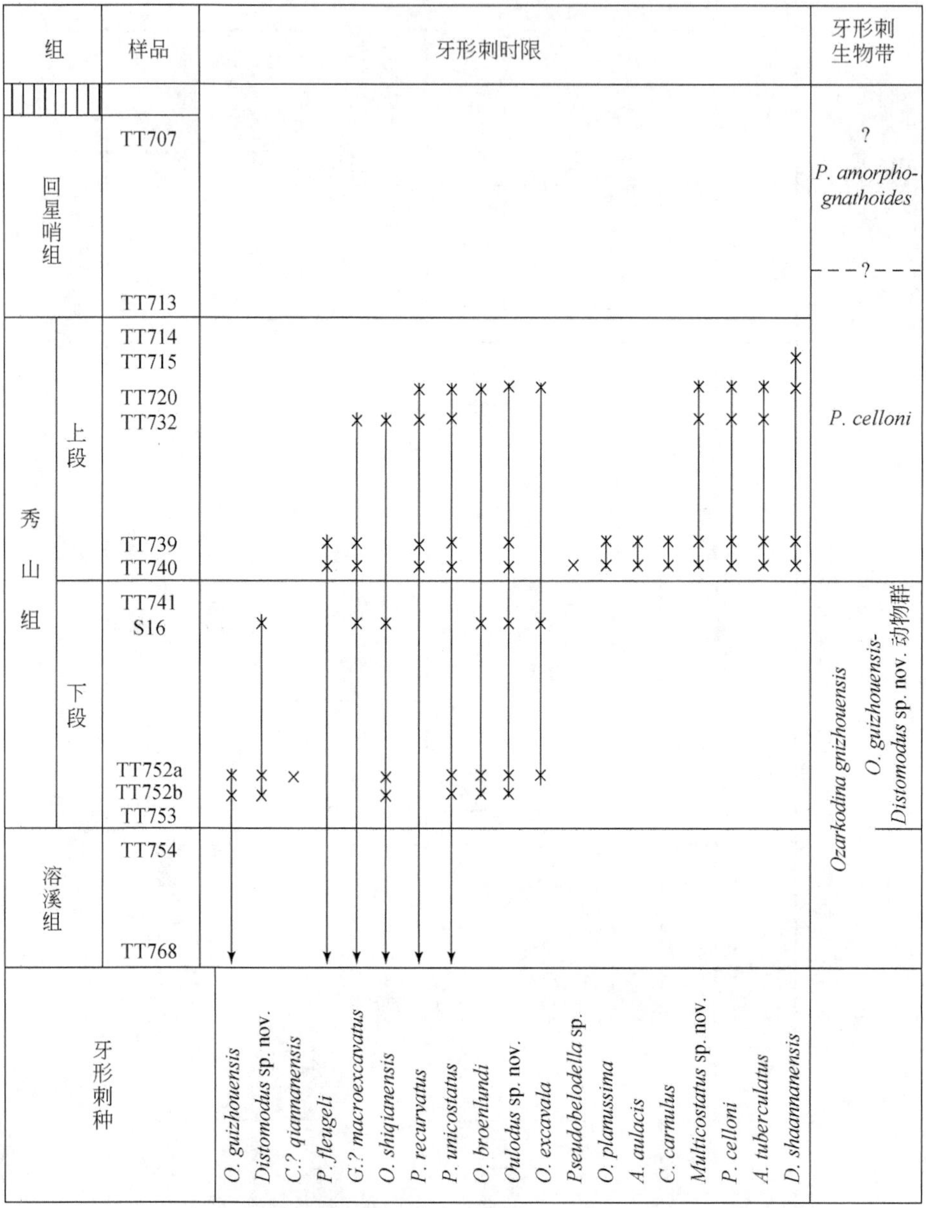

图 1.21　石阡雷家屯剖面特列奇期主要牙形刺的延限（据陈旭等，1996）

从图中牙形石的分布显示 *Pterospathodus celloni* 带化石及其他分子的顶界离秀山组上段之顶尚有一定距离，即未到秀山组之顶

（1）置于第一类型秀山动物群之顶，即 *Oktavites spiralis-Stomatograptus grandis-Spathognathodus celloni-Salopinella-Sichuanoceras-Coronocephalus rex* 动物群之顶。在川北广元地区，具体界线在宁强组中部和上部之间（金淳泰等，1992），其它地区相应层位是在秀山组上段上部和顶部之间，或大路寨组上部和顶部之间。这条界线在生物上很明显，如牙形石（图 1.22）、头足类（图 1.23）、笔石（图 1.24）和三叶虫（图 1.25）等，但岩石地层界线很难掌握。

属	种	亚种	组			
			雷家屯组	马脚冲组	溶溪组	秀山组
Actinodochmioceras	13	5				
Calocyrtoceras Foerste, 1936	2					
Calocyrtocerina Chen, 1981	3	2				
Calorthoceras Chen, 1981	2	1				
Cyrtocycloceras Foerste, 1936	3	0				
Endenoceras Miagkova, 1967	1	1				
Eridites Zhuravieva, 1961	13	6				
Euvirgoceras Chen et Liu, 1974	10	3				
Geisonoceras Hyatt, 1884	2	2				
Haloites Chen, 1981	1	1				
Hamsoceras Flower, 1939	2	2				
Heyuancunoceras Chen, 1981	2	1				
Kionoceras Hyatt, 1984	4	1				
Lyecoceras Migkova, 1957	2	0				
Malgaoceras Miagkova, 1967	2	2				
Mongoceras Miagkova, 1967	2	1				
Michelinoceras Foerste, 1932	1	1				
Neosichuanoceras Chen et Liu, 1974	3	3				
Nothokionoceras Chen, 1981	1	1				
Orthodochmioceras Chen, 1981	14	6				
Ohioceras Shimizu et Obata, 1935	1	0				
Parakionoceras Foerste, 1928	2	2				
Paraphramites Flower, 1943	1	0				
Parproteoceras Chen, 1981	2	1				
Pedanochnoceras Chen, 1981	5	3				
Platysmoceras Chen, 1981	2	1				
Protobactrites Hyatt, 1900	10	4				
Sichuanoceras Chang, 1962	62	14				
=*Jangziceras* Lai, 1964						
Songkanoceras Chen, 1981	6	2				
Virgoceras Flower, 1939	2	2				
Cyrtractoceras Chen, 1981	1	0				
Guangyuanoceras Lai et Zhu, 1986	1	1				
=*Guangyuanocerina* Lai et Zhu, 1986						
Jialingjiangoceras Tsou, 1966	1	1				
Mixosiphonoceras Hyatt, 1900	4	1				
=*Mixosiphonocerina* Chen, 1981						
Paramixosiphonoceras Tsou, 1966	1	1				
Pentameroceras Hyatt, 1884	1	1				
Perimecoceras Foerste, 1926	1	0				
Protophragmoceras Hyatt, 1900	2	2				
Piestoceras Chen, 1981	9	4				
Stenogomphoceras Foerste, 1929	1	1				
Shangsiceras Lai et Liu, 1986	1	1				
Systrophoceras Hyatt, 1884	3	1				
Trimeroceras Hyatt, 1889	1	1				
Yichangoceras Chen, 1981	2	2				
Armenoceras Foerste, 1924	1	1				
=*Armenocrina* Chen, 1981						
Eushantungoceras Shimizu et Obata, 1935	6	2				
Euryarthroceras Chen, 1981	1	1				
Parahelenites Chen et Liu, 1974	10	3				

图 1.22　扬子区特列奇期鹦鹉螺属的延限（据陈旭等，1996）

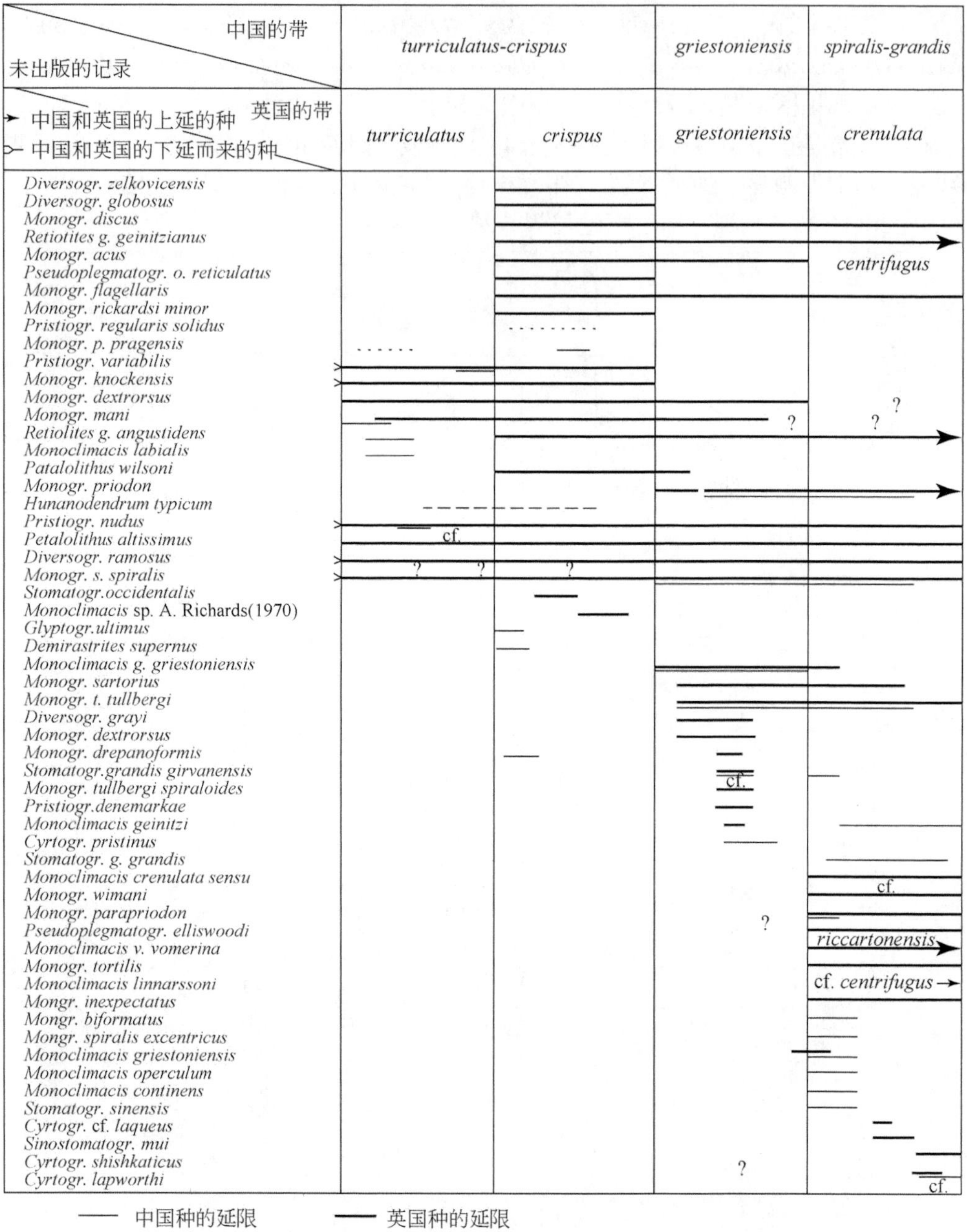

绝大多数鹦鹉螺属灭绝于秀山组上段离顶尚有一段距离，与牙形石情况相似

图1.23　中、英特列奇期笔石的延限（据陈旭等，1996）

显示中、英笔石带划分和种的分布的差异

三叶虫带 \ 笔石带	turriculatus-crispus	grienstoniensis	spiralis-grandis	
剖面及产地	崔家沟组	王家湾组	宁强组	川北陕南
			杨坡湾段 | 神宣驿段	
	马脚冲组 | 溶溪组	秀山组		黔东北石阡
		下段 | 上段		
	纱帽组			鄂西宜昌

Kososvopeltis yichangensis
Ptilillaenus lojopingensis
Encrinuroides yichangensis
Oidalaproetus convexus
Hyrokybe punctata
Astroproetus tenuis
Gaotania pulchella
Hypaproetus guizhouensis
Kosovopeltis obsotetus
Encrinuroides angustigenatus
Astroproetus nebulosus
Encrinuroides heshuiensis
Encrinuroides intermedius
Encrinuroides yinjiangensis
Astroproetus mucronatus
Coronocephalus (Coronaspis) changningensis
Coronocephalus (Coronaspis) qianjiangensis
Coronocephalus (Coronaspis) dejiangensis
Coronocephalus (Coronaspis) simplex
Coronocephalus (Coronaspis) spiculum
Coronocephalus (Coronaspis) lushanensis
Kailia quadrisulcatus
Kailia divergens
Kailia xiushanensis
Kososvopeltis guanyuanensis
Sthenalocalymene changyangensis
Sthenalocalymene sp. nov.
Rongxiella convexa
Astroproetus constrictus
Astroproetus affluense
Astroproetus quadratus
Astroproetus latifrons
Astroproetus shuangheensis
Astroproetus acutes
Encinuroides acutifrons
Encinuroides changningensis
Astroproetus changningensis
Coronocephalus (Coronocephalus) ovatus
Coronocephalus (Coronocephalus) badongensis
Coronocephalus (Coronocephalus) rex
Coronocephalus (Coronocephalus) spinicaudatus
Coronocephalus (Coronocephalus) dentatus
Coronocephalus (Coronocephalus) rongxiensis
Coronocephalus (Coronocephalus) tenuisulcatus
Encrinuroides enshiensis
Coronocephalus (Coronocephalus) sichuanensis
Rongxiella microspinata
Coronocephalus (Coronocephalus) gaoluoensis
Coronocephalus (Coronocephalus) elegans
Encrinuroides expansus
Parakaillia lata
Parakaillia curvata
Parakaillia hubeiensis
Encrjnuroides abnormis
Rongxiella globosa

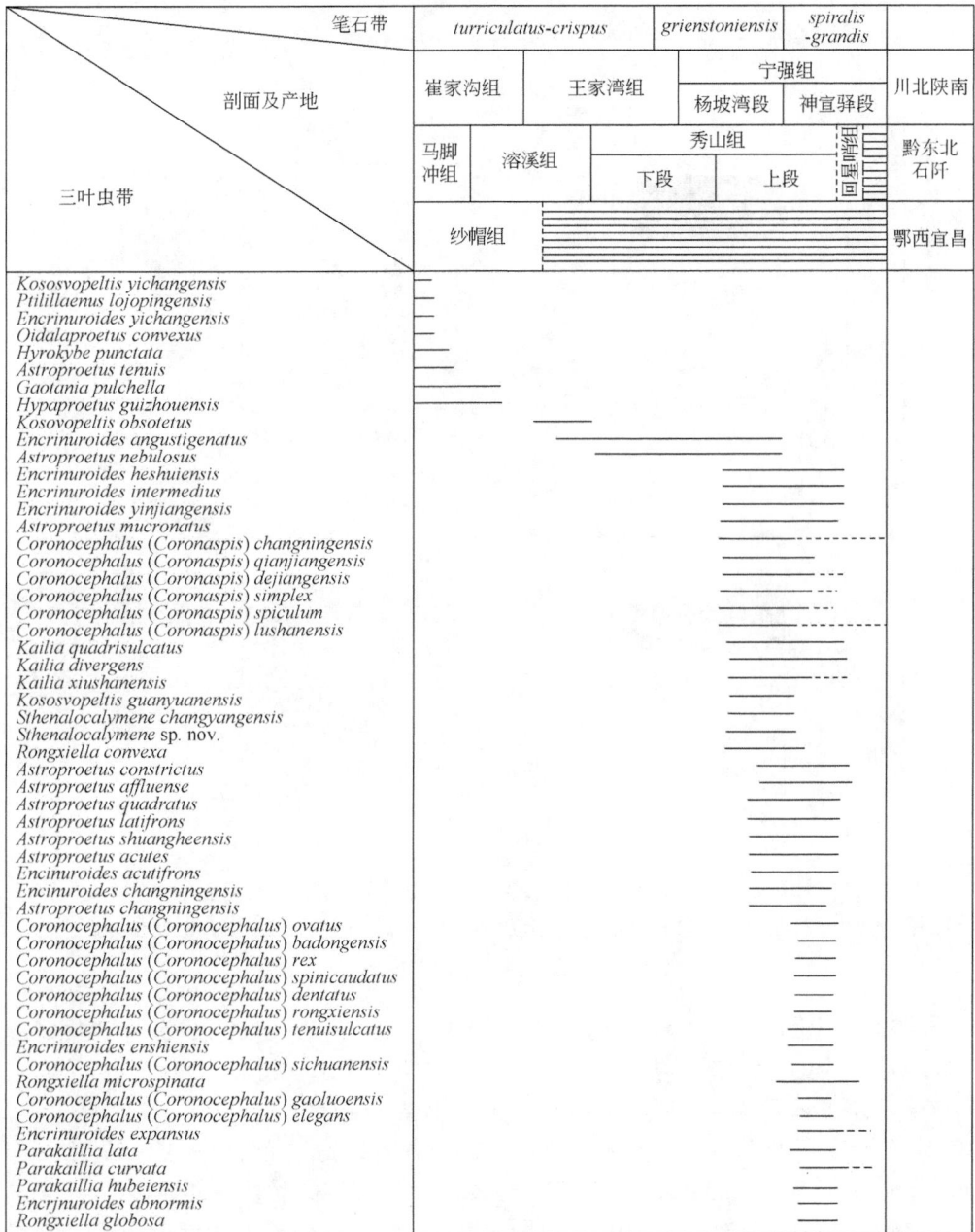

图 1.24　扬子区特列奇期主要三叶虫分子的延限（据陈旭等，1996）

显示大多数三叶虫主要分子灭绝于秀山组上段离顶一段距离，与牙形石、鹦鹉螺类相似，说明第一条界线在生物群分布上很明显

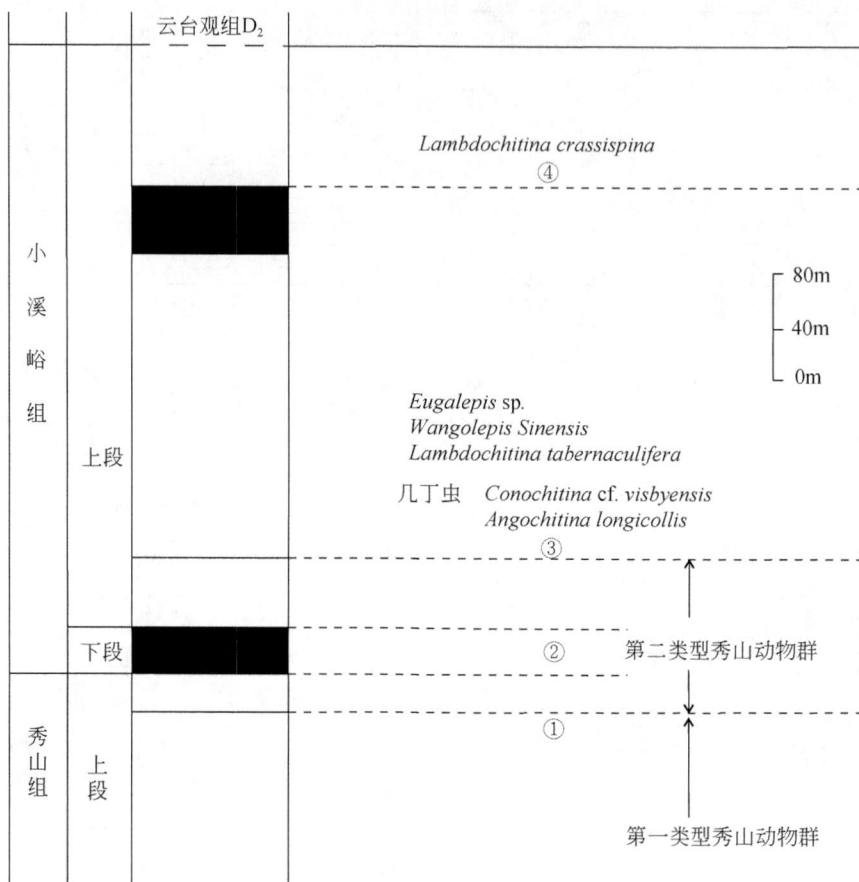

图1.25　湖南张家界地区文洛克统底界界线划分方案示意图

①第一类型秀山动物群顶界；②小溪峪组下段红层底界；③小溪峪组上段下部或第二类型秀山动物群顶界；

④小溪峪组上段红层的顶界或回星哨组顶界之上

（2）置于回星哨组、菜地湾组、小溪峪组下段海相红层之底。这条界线岩石特征明显，但生物界线不大明显，它位于第二类型秀山动物群之间。

（3）置于小溪峪组、回星哨组及其相当地层上段地层之底。如在湖南张家界，将其置于上段离底约 50m 处，该处见文洛克统底部的几丁虫 *Conochitina* cf. *visbyensis* 等（Geng *et al.*，1997），大致是第二类秀山动物群之顶。

（4）置于回星哨组、茅山组、西坑组之顶或小溪峪组上段红层之上（陈旭等，1996；戎嘉余，2003）。根据耿良玉等（1997，1999）的报道，小溪峪组上段中上部已含文洛克统和拉德洛统的几丁虫化石带，底界划在其上显然是不合适的。

综观上述 4 条界线，从生物群角度来看，文洛克统底界置于小溪峪组上段底部（离顶约 51m 处）含几丁虫 *Conochitina* cf. *visbyensis* 层位附近（Geng *et al.*,
1997）较合适，共生的还有几丁虫 *Angochitina longicollis* 等，以 *C. visbyensis* 的出
现作为文洛克统的开始。

但从岩石界线方面则很难识别，因为湖南张家界小溪峪组下段红层仅有 23m，
往西 75km 的桑植陈家河增厚至 58m，再往西逐渐增厚，重庆秀山（距张家界
150km）厚 89m，滇东北大关 92m，贵州赫章 109m，川西二郎山岩子坪组下段红
层和川北广元金台观组下段红层约为 91m。因此，此处小溪峪组上段下部含
Conochitina visbyensis 带之下约 50m 地层可能是上述这些地区回星哨组及其相当
地层下段海相红层上部的相变，也就是说这条界线在秀山地区以西可能在下段红
层之间通过。因此，我们将文洛克统的底界暂置于小溪峪组、回星哨组、黔西狗
飞寨组等下段红层之底，滇东北菜地湾组下段红层之底，川西岩子坪组 1 段红层
之底和川北广元金台观组底部红层之底。应当说明这是一条岩石地层界线，而且
仅适用于湖南西部以西地区。最近，根据陕西岚皋桥西剖面文洛克统底界置于在
含秀山组珊瑚动物群的白崖垭组下部石灰岩之上仅 6~6.8m 的启示，S_1-S_2 的界线
可能还要低于回星哨组及其相当层位下段红层之底，也许在秀山组及其相当地层
顶部之间通过。

在武汉以东，相当回星哨组下段或小溪峪组下段海相红层可能相变为坟头组
上部及其相当地层中的某些红层的层位。坟头组以上的西坑组、茅山组、唐家坞
组红层层位应高于回星哨组或小溪峪组下部的红层层位。

在湖北崇阳地区，文洛克统的底界置于坟头组顶部之下 21m 处的 *Visbyensis-
pauca* 带之底。

在扬子地台的最东端，这条界线是在江苏大丰 NC-2 井的坟头组离顶 191.5m
（或离底 168.5m）处，在该处见到文洛克统下部申伍德阶中部的几丁虫化石带
Ancyrochitina ansarviensis 带，其下 168.5m 处尚含申伍德阶底部的 *Conochitina
visbyensis* 带和其下的 Telychian 阶地层。文洛克统的底界置于这 168.5m 厚地层的
坟头组下部之间，但岩石界线无法确定。在湖北省崇阳县以东，文洛克统的底界
大致都在坟头组内部之间通过。

（四）扬子地台文洛克统的上界

从生物地层角度来看，也有两个剖面可作为划分文洛克统与拉德洛统界线的
参考点，一是湖南张家界市小溪峪组上段离底约 100m 处含文洛克统顶部几丁虫
带化石 *Lambdochitina tuberculifera* 带（Geng *et al.*, 1997），离底约 330m 处见拉
德洛统戈斯特阶上部的几丁虫带化石 *Lambdochitina crassispina*（相当于小溪峪组
红层之上）。因此，文洛克统的顶界应在此两个化石带之间。

第二个剖面是湖北崇阳的茅山组下部（图 1.13）CT 166 含文洛克世晚期的几

丁虫带化石 *Grahnichitina lycoperdoides*，其上的 CT 167 含 *G. vesiculosus* 带，耿良玉等认为相当于拉德洛世早期的 *scanicus* 笔石带，文洛克统的顶界应置于 *lycoperdoides* 带之顶。

第三个剖面是江苏大丰的 Nc-2 井。在该井的坎头组上部离顶 100m 处见拉德洛统上部的几丁虫化石带 *Grahnichitina philipi* 带，在离顶 145m 处见文洛克统申伍德阶上部的带化石 *Cingunochitina cingulata* 带。因此，文洛克统与拉德洛统之间的界线应在此两带之间约 45m 的坎头组上部地层中通过。具体岩石界线也不易划分。

而在武汉以西，这条界线可置于张家界地区小溪峪组上段红层之底，秀山地区回星哨组上段绿色层之内，滇东北地区菜地湾组之顶，黔西地区狗飞寨组之顶，滇东地区关底组红层之底，川西二郎山地区岩子坪组 4 段红层之底和川北广元地区金台观组上部红层之底。这条岩石地层界线还是清楚的。岩石界线一般都是穿时的。因此，在这些地区还需要做大量的微体古生物化石的采集工作，以便进一步确定其具体位置。从目前来看，这条岩石地层界线可能略高于文洛克统的顶界（图 1.26）。

（五）扬子地台的文洛克统及其依据

扬子地台的文洛克统分布非常广泛，由于后期剥蚀，大多残缺不全。根据上覆与下伏地层关系，及其所含的化石带。下面述及的一些地表和井下地层属文洛克统或包含文洛克统。现扼要简述如下（表 1.11）。

1. 川西二郎山的岩子坪组

岩子坪组的上覆地层为洒水岩组，含拉德洛世晚期牙形石 *Ozarkodina crispa* 带化石和腕足类 *Retziella uniplicata* 等，其下伏为爆火岩组，含特列奇期的牙形石 *Guizhouprioniodus guizhouensis* 等，与上覆、下伏地层均为整合接触。因此，岩子坪组的时代应为文洛克世—拉德洛世早期。总厚 280m，可分 4 段。顶部 4 段为红层，岩性为深灰色和暗紫色白云岩，厚 41m，层位与滇东关底组相当。1 段（底部）为红层，岩性为紫、紫红色泥岩，厚 91m，可与滇东北菜地湾组下段红层对比。2~3 段为绿色层，岩性分别为深灰色厚层白云岩，夹紫色泥岩和灰绿色白云质泥岩等，厚度为 30m 和 118m，含 *Retziella uniplicata*、*R. minor* 等，共厚 148m，可与滇东岳家山组比较。本书将 1~3 段归文洛克统，共厚 239m，其上部不排除部分可能属拉德洛统。

2. 川北广元地区的金台观组

川北广元命名剖面的金台观组厚 168m，其上覆车家坝组含拉德洛统的牙形石 *Ozarkodina snajdri* 等。其下宁强组中部含特列奇阶的笔石化石 *Oktavites spiralis*、*Stomatograptus grandis* 等，与上覆、下伏均为整合接触。

图 1.26　扬子地台西部文洛克统顶底界线对比示意图

表 1.11　扬子地台区文洛克统主要剖面的对比

年代、地层（系 / 统 / 阶）			川西 二郎山	川北 广元	滇东 曲靖	贵州 赫章	云南 大关	重庆 秀山	湖南 张家界
上覆地层		未建阶	陡牛子组 D₁	D₂武梁山组	翠峰山组 D₁	丹林组 D₁	翠峰山群 D₁	云台观组 D₂	云台观组 D₂
志留系（部分）	普里多利统	未建阶	麻柳桥组 162m	中间檬组 240m	玉龙寺组 387m ○As	上段 >120m ▲	上段 >17m	上段 >57.4m	上段 (>457m) ✿ ○Lc
	拉德洛统	卢德福特阶	洒水岩组 177m ×▲	车家坝组 147m ⊗▲	妙高组 758m ▲▲ ○As	下段 (红层) 109m	下段 (红层) 92m	下段 (红层) 84.5m	红层38.6m ○Lt　● Cv ○Al
		戈斯特阶	4段(红层) 41m 3段(绿色层) 118m	紫色层 40.6m	关底组 563m × ○As	菜地湾组 109m	菜地湾组 109m	下段 (红层) 23m	
	文洛克统	侯默阶	2段(绿色层) 30m ▲ 1段(红层) 91m 岩子坪组 280m* (239m)	黄色层 37m ▲ 紫色夹黄 色层 91m ▲ 金台观组 168m* (128m)	岳家山组 223m ▲	狗飞寨组 229m		回星哨组 141.9m	
		申伍德阶			狗飞寨组 229m				
下伏地层	特列奇阶 (S₃)		爆火岩组 S₁	宁强组 S₁	双龙潭组 ∈₂	沧浪铺组 ∈₁	大路寨组 ∈₁	秀山组 S₁	秀山组 S₁

续表

年代、地层 地区			湖北崇阳	安徽贵池一石台	江苏江宁	江苏句容 Jc-2井	江苏泰州	江苏大丰
系	统	阶						
上覆地层			黄龙组 C₂	五通组 D₃	五通组 D₃	五通组 D₃	五通组 D₃	五通组 D₃
志留系（部分）	普里多利统	未建阶	茅山组 ○ Ae ○ Ar ○ Gv ○ Gl >222.85m	茅山组 >450m ○ As	茅山组 >22m ○ As	茅山组 >154m ○ As	茅山组 >60m ○ Fk ○ Gp	茅山组 ○ Fk ○ Gp
	拉德洛统	卢德福特阶						
		戈斯特阶						
	文洛克统	侯默阶	坟头组 ○ Gs ○ Vp 444m	坟头组 630m	坟头组 214m (100m)*	坟头组 679m (200m)*	坟头组 539m (300m)*	坟头组 360m (100m)* ○ Cc ○ Aa
		申伍德阶						
	特列奇阶(S₁)							
下伏地层			高家边组 S₁	河沥溪组 S₁	侯家塘组 S₁	高家边组 S₁	高家边组 S₁	高家边组 S₁

注：▲ Retziella动物群；● Wangolepis fauna；⊗ Snajdri带；× O.crispa带；✕ 植物碎片；○ Al. *Angochitina longicollis*；Cv. *Conochitina cf. visbyensis*；Lt. *Lambdochitina taberenculifera*；Lc. *L. crassispina*；As. *Angochitina sinica*；Fk. *Fungochitina kosovoensis*；Gp. *Grahnichitina philipi*；Cc. *Cingunochitina cingulata*；Aa. *Angyrochitina ansarviensis*；Vp. *Visbyensis-pauca*；Gs. *Grahnichitina solida*；Gl. *G. lycoperdoides*；Ar. *Angochitina rarispinosa*；Ae. *Angochitina elongata*。

金台观组岩性大致可分为三部分：上部为红层，岩性为紫、黄绿色泥岩，厚 40.6m；中部为黄色层，岩性为粉砂质泥岩，厚37m；下部为紫色层和黄色层，岩性上部为紫、黄色泥岩，下部为黄色泥岩，厚91m。中下部亦含 *Retziella uniplicata* 等化石，其层序、所含化石及上下关系与川西二郎山岩子坪组极其相似，除中部黄色层厚度较薄外，上下红层的厚度几乎完全一致。金台观组的中部和下部应归文洛克统，共厚128m。

3. 滇东曲靖地区的岳家山组

滇东曲靖地区岳家山组岩性为黄绿、灰绿色石灰岩、砂岩夹泥灰岩，偶夹紫红色泥岩，厚230m，含腕足类 *Retziella uniplicata*、*R. minor*，鱼类 *Wangolepis sinensis* 等。其上覆为关底组红层，再上为妙高组，均含拉德洛统牙形石 *Ozarkodina crispa* 等。其下平行不整合于中寒武统双龙潭组之上。其层位及所含化石与川西岩子坪组中部、川北广元金台观组中部相当，属于文洛克统上部，也可能有一部分属拉德洛统。鱼类 *Wangolepis sinensis* 也见于重庆秀山回星哨组上段和湘西小溪峪组上段。虽然鱼类为新属种，不能为时代确定提供依据，但可以认为，含该鱼类化石的地层层位应该大致相当。

4. 贵州赫章的狗飞寨组

贵州赫章狗飞寨组可分为两段：上段上部为灰绿色泥岩夹两层紫色砂质泥岩，下部夹少量灰色薄层粉砂岩，离顶 20m 处的泥岩中含腕足类 *Retziella uniplicata*，*Nikiforovaena sinensis* 等，厚120m；下段为紫红色泥岩夹灰绿、浅灰绿色粉砂岩，未见化石，厚109m，其上为下泥盆统丹林组平行不整合覆盖，其下与沧浪铺组可能为平行不整合接触，总厚229m。上段顶部20m 处含腕足类 *R. uniplicata* 地层可与滇东岳家山组下部对比，狗飞寨组上段下部和下段红层可与滇东北大关地区的菜地湾组对比，特别是下段岩性均为红层（红色泥岩），且厚度几相同，相差仅 17m，而且两地相距不足 50km。正如上面章节所述，赫章是曲靖地区海侵必经之地。此地原来沉积的岳家山组上部、关底组和妙高组已被剥蚀殆尽。狗飞寨组时代为文洛克世。

5. 滇东北大关的菜地湾组

滇东北大关-盐津地区位于扬子海的西南端。该地菜地湾组由上下两段组成，下段为红层，岩性为暗紫红色页岩夹黄绿色粉砂岩，底部含三叶虫 *Coronocephalus changninensis* Chang，腕足类 *Striispirifer shiqiangensis* Rong et Yang，双壳类 *Modiolopsis maokaoensis* Grabau 等，厚92m；上段为灰绿、青灰色泥质白云岩，夹紫红色粉砂岩，残厚仅 17m。菜地湾组下段不仅岩性与黔西赫章狗飞寨组下段相似，而且厚度也相近，上覆地层也与黔西赫章完全一致。此地亦是曲靖地区岳家山组、关底组和妙高组海侵必经之地。但这三个组荡然无存，实为后期剥蚀所致。菜地湾组应属于文洛克统。

6. 重庆秀山回星哨组

重庆市秀山县为回星哨组的命名之地。该地回星哨组可分为上下两段：下段为紫红色石英粉砂岩、泥岩与灰绿色石英粉砂岩互层，厚 84.5m；上段为灰绿色至黄绿色石英粉砂岩。泥岩上布满虫迹化石，厚 57.4m，含双壳类 *Modiomorpha crypta*、*Praecardium* cf. *ovatum*，少量 *Lingula* 等腕足类化石，个别地点还含 *Encrinuroides*、*Coronapis* 等三叶虫化石。据潘江（1986）的报道，在该处还见鱼类 *Wangolepis sinensis*、*Eugaleaspis xiushanensis* 等，共厚 142m。王怿（2011）在上段地层中发现了植物碎片 *Category* 2,3 Edwoards 等，时代为拉德洛世—普里多利世早期。其上为中泥盆统水车坪组或云台观组平行不整合接触，其下与秀山组整合接触。回星哨组上段下部和下段地层的时代为文洛克世。

7. 湖南张家界地区小溪峪组

湖南张家界小溪峪组的岩性和所含化石前面章节已经详细讨论过，此处不再重述。文洛克统仅包括小溪峪组下段红层和上段的中下部（红层之下）含几丁虫 *Lambdochitina tuberculifera* 及含 *Conochitina* cf. *visbyensis* 带部分地层，总厚约 150m。潘江（1986）报道，在小溪峪组上段管状砂岩中亦找到 *Wangolepis sinensis* 和 *Eugaleaspis* cf. *xiushanensis*，证明小溪峪组含鱼化石的层位可与重庆秀山的回星哨组上段对比，也可与滇东曲靖的岳家山组下部进行对比，时代均为文洛克世。小溪峪组上段红层可与关底组红层对比，上段顶部可与妙高组及玉龙寺组下部对比。

8. 湖北崇阳县的坟头组（上部）和茅山组（下部）

根据耿良玉等（1999）的报道，在湖北省崇阳县田心屋的坟头组上部离顶21m处采获文洛克统申伍德阶下部的带化石（CT 159）*Conochitina pauca* Tsegelnjuk 和 *Angochitina longicollis* Eisenack 化石，属于 *visbyensis-pauca* 带。在坟头组顶部（CT 160~162）采获几丁虫 *Angochitina longicollis* Eisenack、*Grahnichitina solida*（Tsegelnjuk）、*G. angulata*（Tsegelnjuk）、*Eisenackitina venusta*（Tsegelnjuk）和 *Cingulochitina bohemica* sp. nov.，属于 *solida* 带。该带是文洛克统申伍德阶上部的带化石，因此，该地坟头组顶部21m厚地层应属于申伍德阶。

在崇阳县田心屋剖面的茅山组（耿良玉等称其为寨山组）下部（CT 166）含几丁虫 *Grahnichitina lycoperdoides*（Laufeld）及 *Sphaerochitina papillata* Tsegelnjuk。*G. lycoperdoides* 是全球侯默期中晚期的带化石。耿良玉等（1999）认为 CT 167 以下厚约36m地层应属于侯默阶。

因此，湖北崇阳县田心屋一带的坟头组上部（21m）和茅山组下部（厚约 36m）地层应属于文洛克统。应当特别提及的是，此地的文洛克统总厚仅有 57m 左右。崇阳一带文洛克统的确定，对武汉以东长江中下游文洛克统的确定具有重要意义。

9. 安徽贵池-石台地区的坟头组

皖南贵池-石台地区的坟头组岩性在前面章节已经述及，总厚 630m，其下与兰多弗里统特列奇阶下部的河沥溪组整合接触，其上与茅山组整合接触。由于在其东端南陵县的茅山组下部发现拉德洛世晚期的几丁虫 *Angochitina sinica* 带化石，因此，其下的坟头组应包括兰多弗里统上部至拉德洛统下部的地层，其中主体部分应是文洛克统。虽然未发现文洛克统的几丁虫带化石，但根据上覆下伏地层时代完全可以肯定坟头组中含文洛克统地层。其厚度无法确定，但可以肯定小于 630m。

10. 江苏南京市江宁区的坟头组

南京市江宁区坟头村是坟头组的命名地点。坟头组总厚 214m。在命名剖面坟头组离顶 15m 处找到拉德洛世晚期的几丁虫化石 *Angochitina sinica*。因此，其下的坟头组的近 200m 的地层应包括兰多弗里统上部至拉德洛统下部地层。此地的文洛克统估计厚度约 100m。

11. 江苏句容 Jc-2 井的坟头组

该钻井坟头组总厚 679m。在离顶 366.7m 处见拉德洛统上部的带化石 *Angochitina sinica*。因此，其下的 312.3m 地层应包括兰多弗里统上部特列奇阶至拉德洛统下部 Gorstian 阶地层。文洛克统厚度可能不及 200m。

句容钻井与南京江宁区坟头村相距不远，厚度增加很大，但几丁虫化石则完全相同，而且都见于坟头组的上部。此井坟头组虽未找到文洛克统的带化石，但包括文洛克统地层是毫无疑问的。

12. 江苏泰州 N-4 井的坟头组

在 N-4 井，坟头组总厚 539m，在离顶 100m 处发现普里多利世早期的几丁虫带化石 *Fungochitina kosovoensis* 带，在离顶 120m 处发现拉德洛世晚期的带化石 *Grahnichitina philipi* 带。因此，其下 419m 厚的坟头组应包括兰多弗里世特列奇期—拉德洛世戈斯特期的地层，其中也包括全部文洛克统。由于其总厚只剩 419m，估计文洛克统总厚不足 300m。

13. 江苏大丰 Nc-2 井的坟头组

此井的坟头组总厚 360m。在离顶 20m 处含普里多利统的带化石 *Fungochitina*

kosovoensis 带，在离顶 100m 处见拉德洛统上部的带化石 *Grahnichitina philipi* 带，在离顶 145m 处见文洛克统申伍德阶上部带化石 *Cingunochitina cingulata* 带，在离顶 191.5m 处见申伍德阶中部的带化石 *Ancyrochitina ansarviensis* 带。此地文洛克统地层约占 91m。估计总厚也就在 100m 左右。

Nc-2 井含文洛克统下部—普里多利统下部的 4 个几丁虫化石带，可作为扬子地台几丁虫带的标准剖面。

根据上述 13 个地表和井下文洛克统的分析，可以看出，所有文洛克统的厚度都不大。其中川西岩子坪组厚 239m、川北金台观组厚 128m、滇东曲靖岳家山组厚 223m（估计小于 100m）、黔西赫章狗飞寨组厚 229m、滇东北大关菜地湾组厚大于 109m、重庆秀山回星哨组厚度小于 142m、湘西张家界小溪峪组一部分约 150m、湖北崇阳县厚度小于 444m、安徽南陵小于 630m、江苏江宁小于 214m（估计约 100m）、江苏句容小于 679m（估计约 200m）、江苏泰州小于 539m（估计约 300m）、江苏大丰小于 360m（估计只有 100m）。主要为浅水近岸碎屑沉积为主。从几个上覆、下伏完整的地面和井下剖面（川西、川北、湘西、苏北）的厚度统计看来，文洛克统的厚度大致在 100～300m（表 1.12）。

表 1.12　扬子地区文洛克统主要化石分布

时代	门类	几丁虫	腕足类	三叶虫	牙形石	鱼类无颌类
文洛克统	侯默阶	*Lambdochitina tuberculifera* 带	*Retziella uniplicata Retziella minor Nikiforovaena* sp.			"*Wangolepis sinensis*" *Eugaleaspis xiushanensis*
	申伍德阶	*Cingunochitina cingulata* 带 *Ancyrochitina ansarviensis* 带 *Conochitina visbyensis* 带 *Angochitina longicollis* 带	*Striispirifer* sp. *Nalivkinia magna Salopinella minuta Spinochonetes notata*	*Coronocephalus rex C. changninensis*	*Aspidognathus*	

十、对特列奇期末"扬子上升"的质疑

根据扬子地台江苏大丰、湖北崇阳、湖南张家界等地兰多弗里世—普里多利世地层为连续沉积等特点，Geng 等（1997）、耿良玉等（1999）曾对特列奇期末（或兰多弗里世之末）扬子地台整体上升（戎嘉余等，1990；陈旭等，1996）加以否定。认为扬子地台中心及其周边沉积了文洛克世地层，不存在特列奇期之末扬子地台整体上升。耿良玉也是"特列奇期末"整体上升的作者之一，根据实际资料，敢于否定自己不正确的看法，实在可嘉。作者完全赞同特列奇期末扬子地台不存在整体上升的观点（图1.27）。

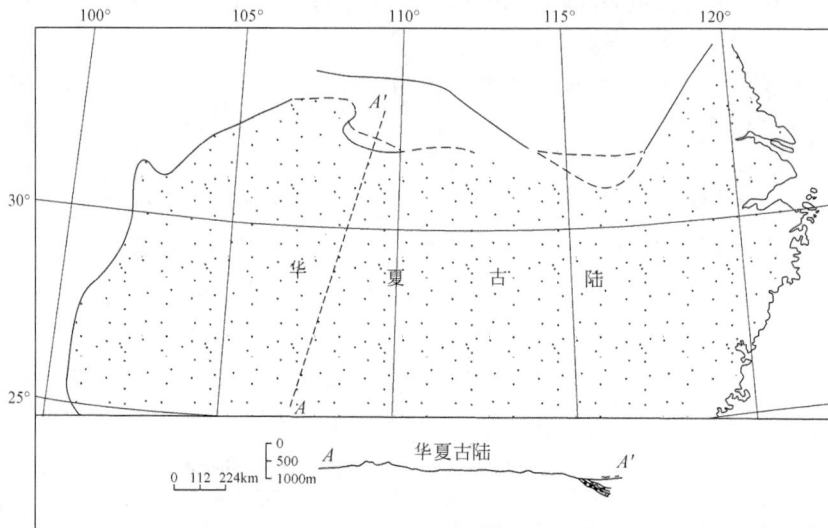

图1.27　扬子地台文洛克世古地理图及 *A-A'* 纵剖面图（据陈旭、戎嘉余，1996）
显示"特列奇期末"扬子地台整体上升之后的古地理状况，华夏古陆成了一片荒漠，与实际情况不符

在这里还要补充二点看法，一是"特列奇期末"扬子地台"整体上升"时间的下限依据不足。因为，戎嘉余等提出的"特列奇期末"整体上升是依据扬子地台经过 24.2（中泥盆统）～138Ma（中二叠统）剥蚀之后的残余地层的顶界的时代来确定的。而这些残余地层的顶界如回星哨组、小溪峪组等的时代争议很大，潘江（1986）、林宝玉（1991）、金淳泰（1992）、林宝玉等（1998）等根据鱼类和地层层序的对比都曾提出异议。认为这些地层应属于或包含文洛克统。Geng 等（1997）对几丁虫的研究更证明小溪峪组、坟头组、茅山组等不仅包括文洛克统，而且还包括拉德洛世以后地层，甚至提出"特列奇期末"扬子上升的作者也多处提到"江南古陆东北缘相当于'上红层'的地层，如赣西北的西坑组、浙西唐家坞组和浙皖边境的茅山组，其下的地层含介壳相的秀山动物群，我们认为这些地层单位大致可以对比，基本上相当于 *spiralis-grandis* 带的上部，是否发育文洛克世地层，目前还不能定论"（陈旭等，1996，90 页），"扬子区内的大部分（除西缘和北缘等）地区是否发育温洛克统、罗德洛统和普里道利统，已成为当前我国志留系研究中一个急需解决的问题（戎嘉余、陈旭，2000，30 页）"等。既然直至 2000 年"特列奇期末"扬子地台整体上升的作者都不敢确认这些残余地层

的顶界是否包括文洛克统或更高地层。那么，在 10 年前的 1990 年提出"特列奇期末"扬子地台整体上升的依据在哪里？

更加不可理解的是，在 2017 年"中国地层表说明书——志留系"一节中还写到："由于扬子地台至今没有找到可靠的温洛克世标准化石，该统地层究竟在哪里发育至今难于定论"（戎嘉余、王怿和黄冰）。也就是说，1990 年，"特列奇期末"扬子上升提出 20 多年后，扬子地台有无文洛克统"至今难于定论"。那么"特列奇期末"扬子地台上升是不是"至今难于定论"。

事实上，Geng 等（1997）、耿良玉等（1999）在江苏大丰 Nc-2 井坟头组发现了文洛克世几丁虫化石 *Ancyrochitina ansarviensis* 带（S_2^1）和 *Cingunochitina cingulata* 带（S_2^1），也发现了拉德洛世化石 *Grahnichitina philipi* 带（S_3^1）和 *Fungochitina Kosovoensis* 带（S_4），总厚 360m，并且是连续沉积。耿良玉等（1999）还在湖北崇阳田心屋坟头组上部发现文洛克世的几丁虫带化石 *Conochitina pauca Tsegelnjuk*（属于 *Visbyensis-Pauca* 带）（S_2^1）带和 *Grahnichitina solida* 带（S_2^1）。茅山组下部的 *Grahnichitina lycoperdoides* 带（S_2^2）。在湖南张家界小溪峪组的上段还发现文洛克世的几丁虫 *Conochitina* cf. *visbyensis* 带（S_2^1）和 *Lambdochitina taberculifera* 带（S_2^2）。这些几丁虫带化石充分证明了文洛克统的存在，否定了"特列奇期末"的扬子上升。而这些世界上文洛克统的几丁虫标准化石带，在中国扬子地台发现，在某些作者的眼中怎么就变成"至今没有找到可靠的温洛克世标准化石"。是不是说，这些带化石不属于标准化石，还是说 Geng 等（1997）、耿良玉等（1999）发表的文洛克世等时代几丁虫带化石全都鉴定错了！

其次，"特列奇期末"扬子地台整体上升的观点不仅其下限不确定，其上限也不清楚。退一步说，假定这些剥蚀后残余地层的年限真是特列奇末期（古生物化石证明不是），但其上覆地层为下泥盆统—中二叠统，这一"上升"有可能在文洛克世、拉德洛世、普里多利世之后上升，经剥蚀后仅剩下最高层位为特列奇期末期地层。

因此，无论"特列奇期末"扬子地台整体上升"理念"提出的上下限的依据都是不充分的，缺乏地层古生物依据的。

此外，其汉阳鱼（*Hanyangaspis*）类骨片的兰多弗里世—文洛克世浊流沉积在紫阳-岚皋地区的发现（雒昆利，1992），既可以说明，浊流沉积物的源头，即扬子地台广泛发育文洛克世沉积，也可以说明，特列奇期末"扬子上升事件"是不存在的。

十一、扬子地台整体抬升的时代

前面一节中已经提到，"特列奇期末"扬子地台整体抬升是不存在的，缺乏地层古生物学依据的。那么，在志留纪时期是否整体抬升过？答案是肯定的——整体抬升过。什么时候？这就是我们在这一节中要重点叙述的。

现将扬子地台在地层剖面中显示的整体抬升证据由东向西简介如下（图 1.28）。

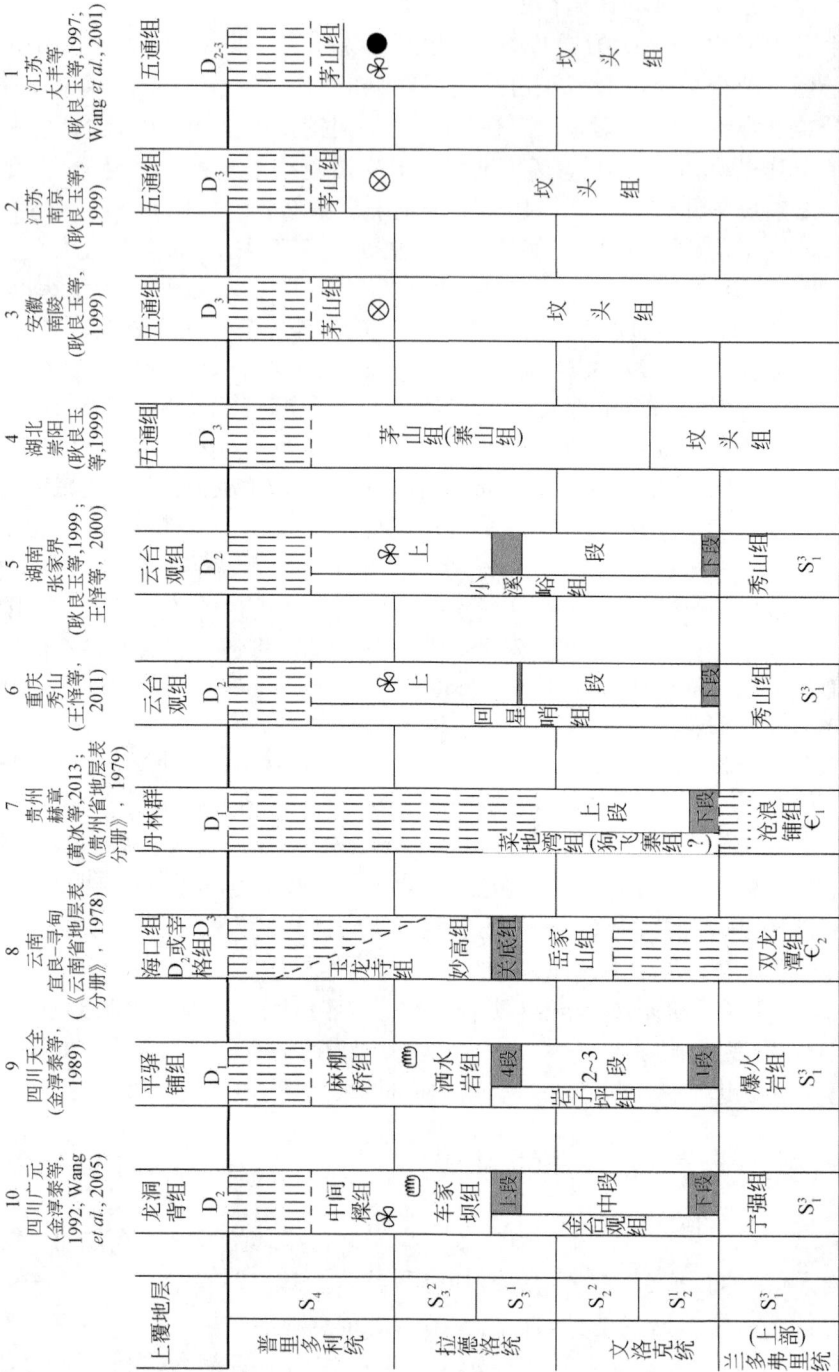

图1.28　志留纪末扬子地台整体抬升主要剖面示意图

显示早、中、晚泥盆世地层平行不整合于志留纪末期地层之上

1. 江苏大丰

江苏大丰位于扬子地台的最东端，长江口以北。根据 Geng 等（1997）、耿良玉等（1999）的报道，该地 Nc-2 井志留系发育齐全，由下而上为：高家边组、坟头组和茅山组。其上为上泥盆统五通组平行不整合覆盖。此地坟头组可分下、中、上三段，共厚 360m 左右。在坟头组中段的中下部，含文洛克世早期几丁虫 *Ancyrochitina ansarviensis* 带和 *Conochitina cingulata* 带。在坟头组中段近顶处含拉德洛世早期 *Grahnichitina philipi* 带；在坟头组上段近顶处含普里多利世早期的 *Fungochitina kosovoensis* 带。在坟头组上段地层中，王怿和李军（2001）也曾发表拉德洛世—普里多利世早期的植物碎片。再次证明该地坟头组上段确实为拉德洛世—普里多利世早期。在坟头组之上还有茅山组，而茅山组与五通组为平行不整合接触。这充分说明，江苏大丰等地在志留纪末期曾上升成陆。之后，为晚泥盆世五通组覆盖。坟头组中段与下段为连续沉积，不存在"特列奇末期"的上升证据。

2. 江苏南京

南京地区是扬子地台东部志留系的标准地点，由下而上，分别是高家边组、侯家塘组、坟头组和茅山组，其下与奥陶系整合接触，其上与晚泥盆世五通组平行不整合接触。

根据 Geng 等（1997）报道，在该地区坟头组上部含化石层（*Salopinella* sp.、*Coronocephalus* cf. *ovata*、*Sichuanoceras* sp.）之上，距坟头组顶部 15m 处找到大量几丁虫化石。其中，最重要的是几丁虫 *Angochitina sinica* Cramer，该种是滇东关底组、妙高组和玉龙寺组的重要分子，时代为拉德洛世晚期。因此，江苏南京江宁区的茅山组可能应属于普里多利世早期。茅山组与五通组之间的平行不整合应发生在普里多利世早期之后，证明此地志留纪末期曾上升成陆。

Geng 等（1997）认为，离此地不远的江苏句容 Jc-2 井的坟头组中，发现几丁虫 *Angochitina elongata* Eisenack、*Grahnichitina pirifomis*（Eisenack）和 *G. campaniformis* sp. nov.，属 *A. sinica* 带。证明南京地区坟头组上部确属于拉德洛世。

3. 安徽南陵

安徽南陵县载家汇水库附近志留系的划分与南京地区相似。侯静鹏（1979）发表了该地茅山组的几丁虫化石。后经耿良玉等（1999）的修订，茅山组含几丁虫 *Angochitina sinica* Cramer、*A. elogata* Eisenack、*Grahnichitina piriformis*（Eisenack）等，属于 *A. sinica* 带，所含化石与江苏南京坟头组上部及滇东地区相同，同属于拉德洛世。

此地茅山组与五通组之间的平行不整合接触，证明在拉德洛世之后曾上升成陆，平行不整合面代表志留纪末期的上升运动。

安徽南陵、江苏南京和江苏大丰等地面和井下地质资料说明，扬子地台东部志留纪末期的抬升证据是充分的。

4. 湖北崇阳

湖北崇阳位于扬子地台中部，层序与扬子地台东部志留系划分基本相似。由下而上划分为：高家边组、坟头组和茅山组（寨山组），其上，为五通组或中石炭世地层不整合覆盖。

根据耿良玉等（1999）报道，在该地的坟头组上部，含文洛克世早期的几丁虫 *Conochitina visbyensis-C. pauca* 带和 *Grahnichitina solida* 带；茅山组下部（即耿良玉等的寨山组）含文洛克世晚期 *G. lycoperdoides* 带，拉德洛世 *G. vesiculosus* 带、*G. rarispinosa* 带和 *Angochitina elongata* 带。其上，为上泥盆统五通组或中石炭世地层平行不整合覆盖。志留纪末期的上升运动应在拉德洛世之后。

5. 湖南张家界

湖南张家界地区位于扬子地台的腹部地区。该区志留系上部地层由下而上为秀山组和小溪峪组。其上，为中泥盆统云台观组平行不整合覆盖。

根据 Geng 等（1997）报道，在小溪峪组上段下部含文洛克世几丁虫 *Conochitina* cf. *visbyensis* 带，上段中上部含文洛克世晚期 *Lambdochitina taberculifera* 带和拉德洛世晚期的 *L. crassipina* 带。王怿等（2010）在小溪峪组顶部亦找到拉德洛世—普里多利世早期的植物化石碎片 *Category 2 sensu* Edwards，1982.该植物化石碎片亦见于江苏大丰坟头组上段和四川广元车家坝组等同期地层中。因此，可以证明张家界地区志留纪时期的上升运动发生在普里多利世早期之后，中泥盆世云台观组之前，与江苏大丰、四川广元等地抬升时期为同期。

6. 重庆秀山

2011 年，王怿等在重庆秀山回星哨组命名剖面的回星哨组上段 4～5 层（相当于葛治洲等，1979 的第 55 和 56 层）发现植物碎片 *Category 2, 3 sensu* Edwards，1982。类似的植物碎片化石也见于江苏大丰 Nc-2 井坟头组上部、湖南张家界小溪峪组上部、四川广元金台观组上部与车家坝组下部。地层时代为拉德洛世晚期—普里多利世早期，其上与中泥盆统云台观组平行不整合接触，证明在普里多利世之后，秀山地区亦曾上升成陆。这不仅证明扬子地台整体抬升是志留纪的末期，而且也证明以回星哨组上段与云台观组之间的间断为依据提出的"扬子上升"在时间上不应该是"特列奇末期"。

7. 贵州赫章

贵州赫章位于扬子地台西南端。根据西南区域地层表贵州省分册（1979）和黄冰等（2013）的报道，该地志留系可分两段：下段为红层（厚约 109m），上段为黄绿色层夹少量红层（厚 120m）。贵州分册认为属于溶溪组和秀山组下部。黄冰等认为属于关底组（包括上部红层关底组和下部黄绿色层岳家山组）。根据其层序（上部黄绿色层，下部红色层）和上覆下泥盆统丹林群平行不整合接触，作者认为应属菜地湾组（或新名狗飞寨组）。其下平行不整合于早寒武世沧浪铺组之上。

在上部黄绿色层离顶 20m 处，发现 *Retziella-Nikiforovaena* 动物群，与岳家山组层位相当。黄冰等认为属拉德洛世。作者认为，不含化石部分应属于文洛克世。其上的平行不整合表明，此地在拉德洛世之后曾上升成陆。抬升时间应在拉德洛世之后。

8. 云南宜良–寻甸地区

云南宜良–寻甸地区位于扬子地台南端。根据西南区域地层表云南分册（1978年）资料，在该地区志留纪地层层序与云南曲靖一带相同，由下而上为：岳家山组、关底组、妙高组和玉龙寺组。其下与双龙潭组平行不整合接触，其上为中泥盆统海口组华宁段或上泥盆统宰格组超覆不整合接触。

妙高组、玉龙寺组时代应属于拉德洛世—普里多利世早期。因此，可以认为，此地在志留纪末期也曾发生过上升运动，时间为普里多利世末期。

9. 四川天全县

四川天全县位于扬子地台西端，根据金淳泰等（1989）报道，四川天全县两路乡志留系层序与最西端一带相同，其中上部分别为爆火岩组、岩子坪组、洒水岩组和麻柳桥组。其上为早泥盆世平驿铺组平行不整合接触。

洒水岩组含拉德洛世牙形石 *Ozarkodina crispa* 带，其上麻柳桥组可能属普里多利世早期。此地在志留纪末期，更可能是在普里多利世晚期曾上升成陆，之后为早泥盆世地层平行不整合覆盖。

10. 四川广元

四川广元位于扬子地台的北缘。根据金淳泰等（1992）报道，该地志留纪中上部地层由下而上为宁强组、金台观组、车家坝组和中间樑组。其上与中泥盆统龙洞背组平行不整合接触。

在车家坝组和中间樑组，含拉德洛世晚期牙形石 *Ozarkodina crispa* 带或

O. snajdri 带。在相当的层位中，王怿等（2010）亦报道有拉德洛世—普里多利世早期的植物化石碎片。与江苏大丰、湖南张家界同期地层的植物化石碎片相同。因此，四川广元地区，在普里多利世末期亦曾上升成陆。

扬子地台东西长约 2000 余 km，南北最宽处达 1000 余 km。在广大的扬子地台区，如东部的江苏大丰、南京和安徽南陵，中部的湖北崇阳、湖南张家界、重庆秀山和贵州印江，西南部的贵州赫章、云南宜良-寻甸，西部的四川天全，北部的四川广元等地，志留纪末与早泥盆世、中泥盆世和和晚泥盆世等地层之间广泛存在着平行不整合接触。平行不整合面之上的上覆地层最低层位为早泥盆世平驿铺组或丹林群。平行不整合面之下的最高层位为普里多利世早期的中间樑组、麻柳桥组、玉龙寺组、茅山组、小溪峪组和回星哨组。因此，扬子地台整体抬升的时代应该是志留纪末期，确切地说是在普里多利世的后期。

十二、黄汲清院士——志留纪末期扬子地台"整个上升"理念的倡导人

基于中英扬子地台志留系合作项目"中英志留系专题研究队"对扬子地台志留系顶部残留地层最高层位时代的不正确认识（即扬子地台除滇东之外，缺失全部文洛克世—普里多利世地层），戎嘉余、陈旭等于 1990 年提出，在志留纪"特列奇期末"存在扬子地台整体抬升，并称之为"扬子上升"。1996 年，陈旭、戎嘉余认为，黄汲清院士在此之前仅提出过扬子地台在三叠纪末存在整体抬升的观点，而志留纪时期扬子地台整体上升的观点以前没有人提出过，所以他们在文中说"这就是戎嘉余等（1990）、陈旭等（1990）提出并阐明的特列奇期的扬子上升"（陈旭、戎嘉余，1996，121 页）。

针对上述观点，国内志留纪地层研究者对扬子地台整体抬升的时间和扬子地台"整体抬升"理念的最先倡导者的问题，产生了争议。

1999 年，曾认为扬子地台在特列奇期末整体抬升的耿良玉等学者，根据江苏大丰、南京江宁、安徽南陵、湖北崇阳和湖南张家界等地文洛克世、拉德洛世和普里多利世早期几丁虫带化石的发现，证实扬子地台东部不缺失文洛克世—普里多利世早期地层，且它们之间为连续沉积。因而认为，扬子地台整体上升不是在特列奇期末，而是发生在志留纪末期。

但是，早在 1990 年之前 45 年，即 1945 年，中国古生物学家、地层学家、大地构造学家、石油地质先驱之一的黄汲清院士（T. K. Huang）在其名著"On major tectonic forms of China"一文中指出"especially towards Late Silurian"、"The Yangtze platform was bodily uplifted"。1954 年，黄汲清院士又在其名著中文版"中国主要地质构造单位"一文中，再次重申"特别是在志留纪的末期"、"扬子地

台整个上升"。其实，除黄汲清院士外，中国志留系研究先驱者之一尹赞勋院士在"China in the Silurian Period"（Yin，1966）一文中，曾指出扬子地台在志留纪末期曾发生过重要的区域性隆升，直至二叠纪初期海水还未再现，在大多数地区缺失泥盆纪—石炭纪地层［原文："An upheaval of regional importance took place toward the end of Silurian Period，and in most of the regions，the sea did not re-appear until the beginning of the Permian period，so that the Devonian and Carboniferous Systems are entirely lacking"（Yin，1966，279 页）］。尹赞勋院士也认为扬子地台隆升的时代为志留纪末期，与黄汲清院士一致。综上所述，志留纪扬子地台整体上升的理念早在上个世纪四十年代就已经被提出了，最早提出的是黄汲清院士；志留纪扬子地台整体抬升的时代应该为志留纪末期，而不是"特列奇期末"。

总之，黄汲清院士才是志留纪末期扬子地台整体抬升理念的首创者。陈旭等（1990），戎嘉余、陈旭等（1990）年的"扬子上升"，从提出时间方面要晚，从抬升时代方面存在问题，不符合优先权法则，应该废弃。

十三、历史上的滇东（曲靖）海湾（早古生代）

扬子地台早古生代时期古陆和海洋的形成都有其独特的发展史。剥蚀区和沉积区一般都承袭了前期的历史，而且是逐步形成的，因此，可以追索到其形成的过程。在没有地堑式断裂发生的情况下，不可能在长期高耸的陆地上在短期突然出现狭长的长达 500km 的，宽度仅有 20～40km 的海湾。下面我们从历史的角度探讨和追索滇东海湾的形成过程。

根据张文堂等（1979）的报道，滇东海湾形成于早寒武世沧浪铺期后期（图1.29）。他们认为"沧浪铺期早期之后，扬子区的西部边缘地区缓慢上升，由陕南沿四川盆地西部，并与四川西南部及云南中部连成一个狭窄的长带形的隆起陆地部分。另外是贵州的西南部及云南境内的南盘江附近的地区亦缓慢上升，形成一个隆起的陆地。这两个条带状的陆地，可能在元江以北相连，并把滇东南与滇东的寒武纪海水隔开"（图1.30）。前一南北向古陆一般称为川滇古陆，而后一北东向古陆一般称为滇黔古陆或滇、黔、桂古陆，两古陆的夹角处形成北东向开口的滇东海湾。之后，这个海湾一直存在。在早寒武世龙王庙期（图1.31）沉积了白云岩及石膏层，在中寒武世陡坡寺期（图1.32），除沉积白云岩和石膏层外，在靠近川滇古陆东侧还沉积了海相红层。在寒武纪后期（图1.33、图1.34），滇黔古陆不断扩大，滇东海湾由南而北逐渐退缩，弯头已退至川滇边界以北，一直到寒武纪末期仍然如此。

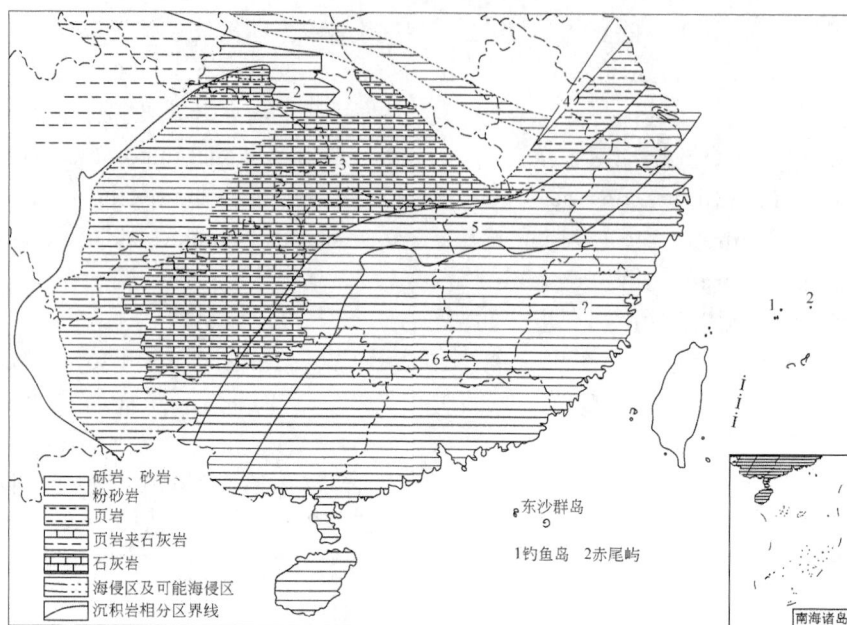

图 1.29　西南及其邻区早寒武世沧浪铺期早期岩相古地理示意图（据张文堂等，1979）

滇东海湾尚未形成

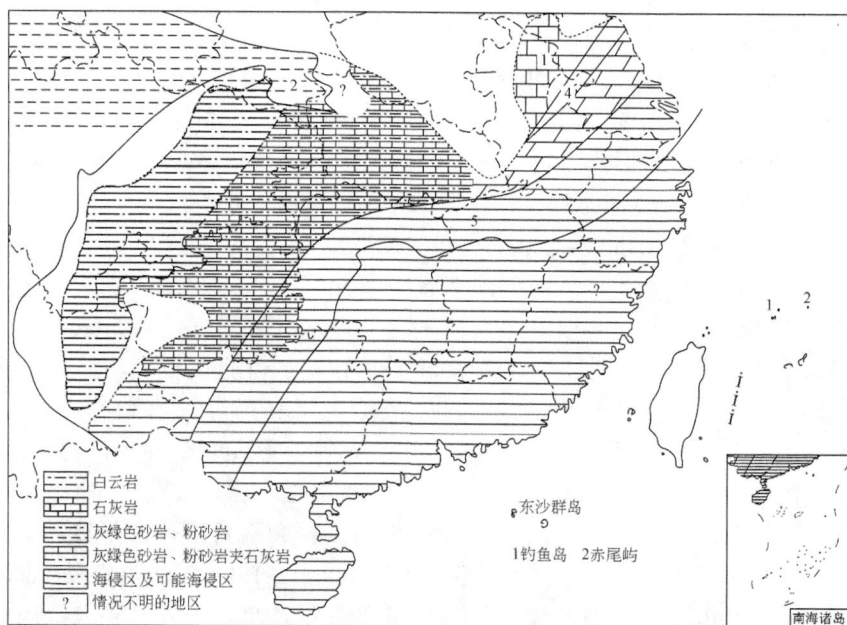

图 1.30　西南及其邻区早寒武世沧浪铺期晚期岩相古地理示意图（据张文堂等，1979）

滇东海湾已经形成（左下方）

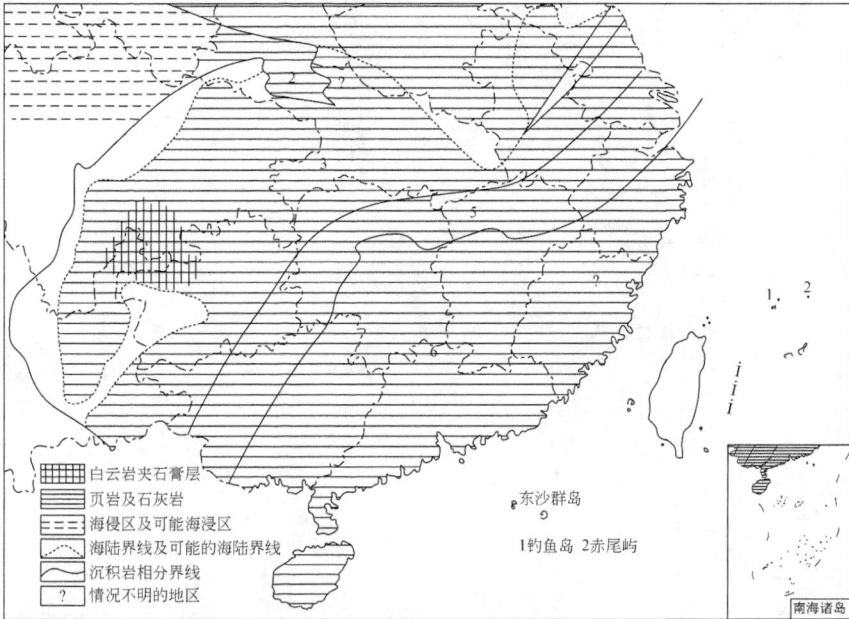

图1.31　西南及其邻区早寒武世龙王庙期岩相古地理示意图（据张文堂等，1979）

滇东海湾继续存在，湾口具石膏层沉积

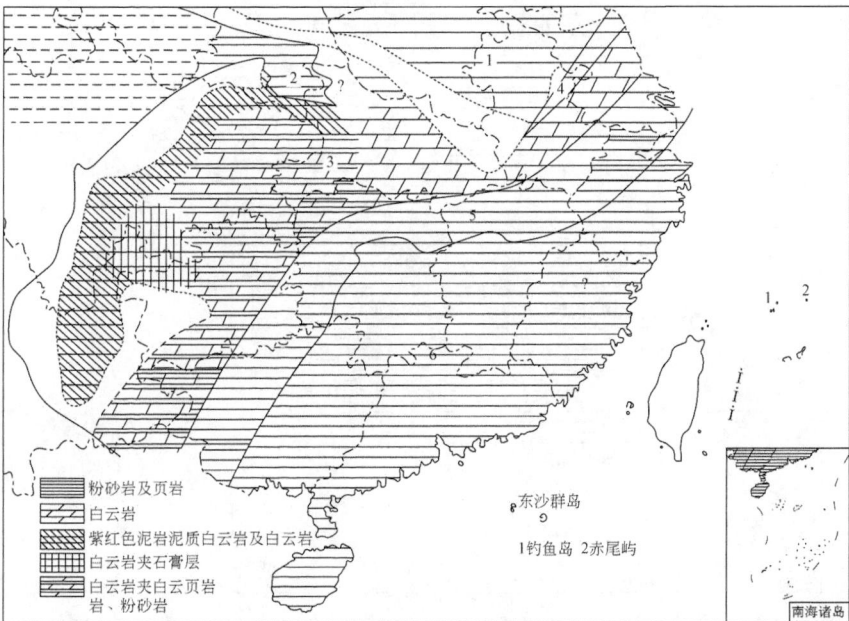

图1.32　西南及其邻区中寒武世陡坡寺期岩相古地理（据张文堂等，1979）

滇东海湾继续存在，除具石膏层外，沿川滇古陆东侧发育海相红层

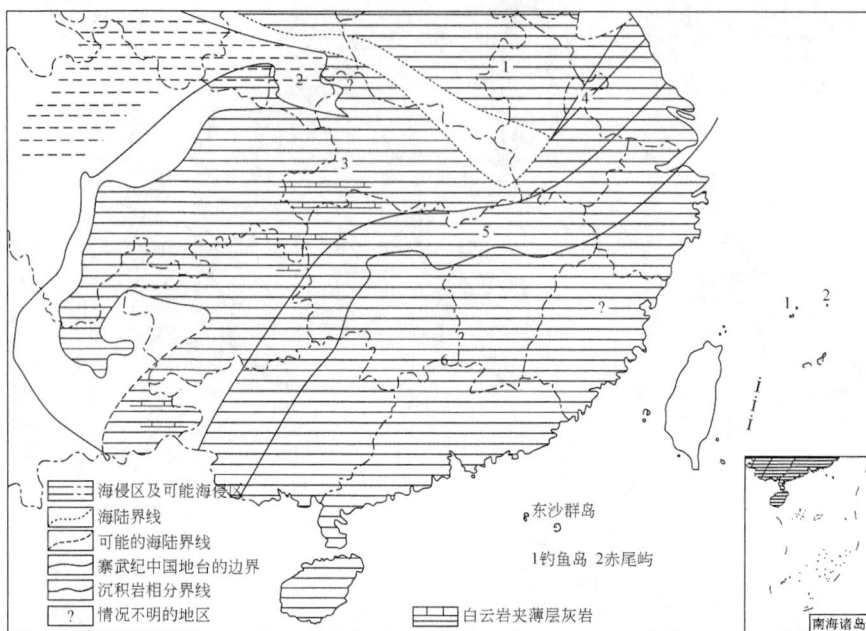

图 1.33　西南及其邻区陡坡寺期以后的中寒武世岩相古地理示意图（据张文堂等，1979）

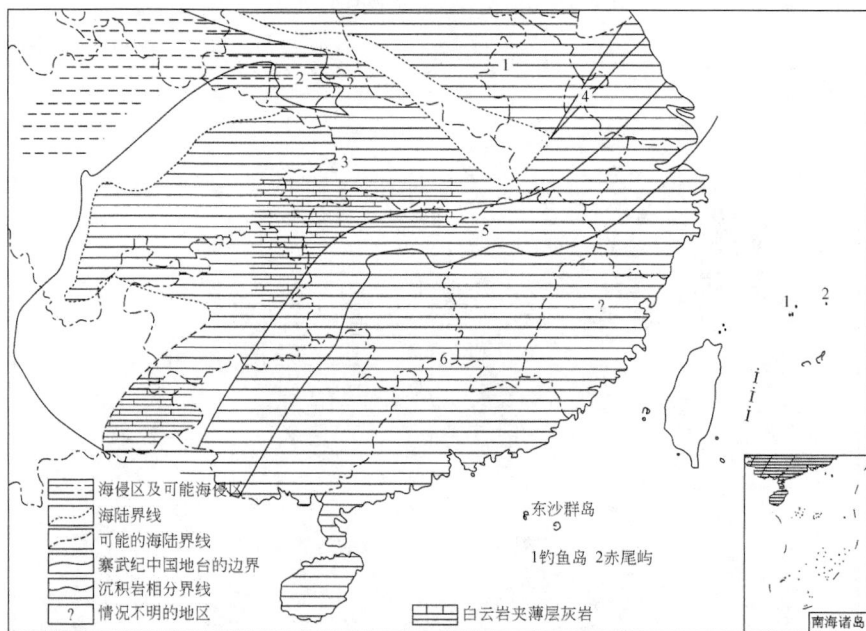

图 1.34　西南及其邻区晚寒武世岩相古地理示意图（据张文堂等，1979）

滇东海湾向北退缩

陈经泽则认为，川、滇、黔古陆形成于中寒武世末期，而不是早寒武世（广义的）沧浪铺期。直至寒武纪末期，仍保持古陆状况。滇东海湾向北开口（云南省地质矿产局，1995）。

据 Zhou 等（1993）的报道，在奥陶纪 Tremadoc 期，海侵由北而南扩展，滇东海湾南端（弯头）可达昆明一带，沉积了汤池组地层，超覆在中寒武统双龙潭组之上（图 1.35）。在 Darriwillian-Early Sandbian 期，情况与 Tremadoc 期大致相似（图 1.36）。到 Mid-Late Katian 期，海湾又向北退缩，弯头在北纬 26°左右（图 1.37）。

李世勋与 Zhou et al.持有相似的看法，即在早奥陶世中晚期，滇东及滇东北再次遭受海侵，"造成该区早世沉积物的大量超覆"。中奥陶世以后海水由南而北退缩（云南省地质矿产局，1995）。

在兰多弗里世早—中期，根据 Rong 等（2003）资料，滇东海湾向北退缩至北纬 27°左右（图 1.38～图 1.40）。陈旭等（1996）称之为大关湾或二郎湾。但到了 Telychian 期（包括本书的文洛克世菜地湾期），海侵又由北而南扩展，弯头在北纬 26.5°左右，其南端已到达贵州赫章狗飞寨一带（N27°00′16.9″，E104°40′10.3″）以南，说明此时滇东北的菜地湾组与贵州赫章的狗飞寨组海域已相连一起（图 1.41）。

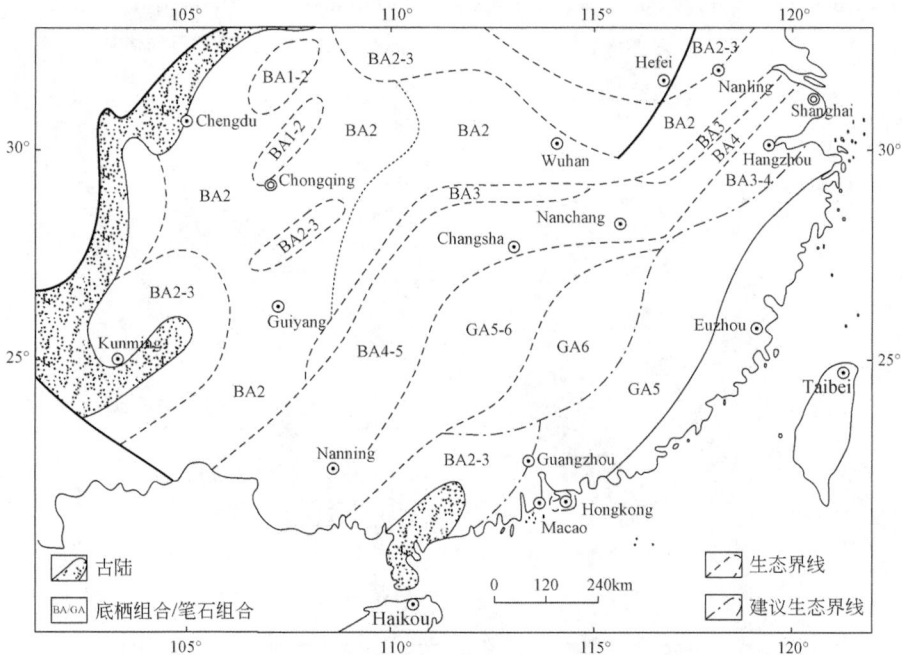

图 1.35　华南板块特马豆克期古地理再造（据周志毅等，1993）

在该图西南端见滇东（曲靖）海湾湾头在昆明附近，湾口在东北方，海水向南扩展，下奥陶统超覆在寒武纪地层之上

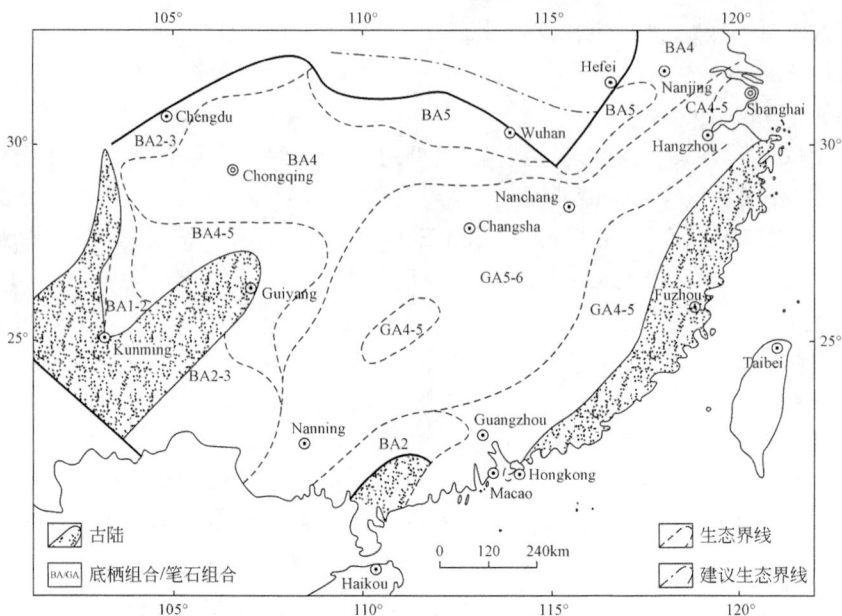

图 1.36　华南板块达瑞威尔期—桑比早期古地理再造（据周志毅等，1993）

图西南端，滇东（曲靖）海湾大致与 Tremadocian 期相似，湾头仍在昆明附近，但滇黔古陆扩大，古陆末端已伸至贵阳一带。昆明东南未见向南开口海湾，一直是高耸地区。以下各图情况相同

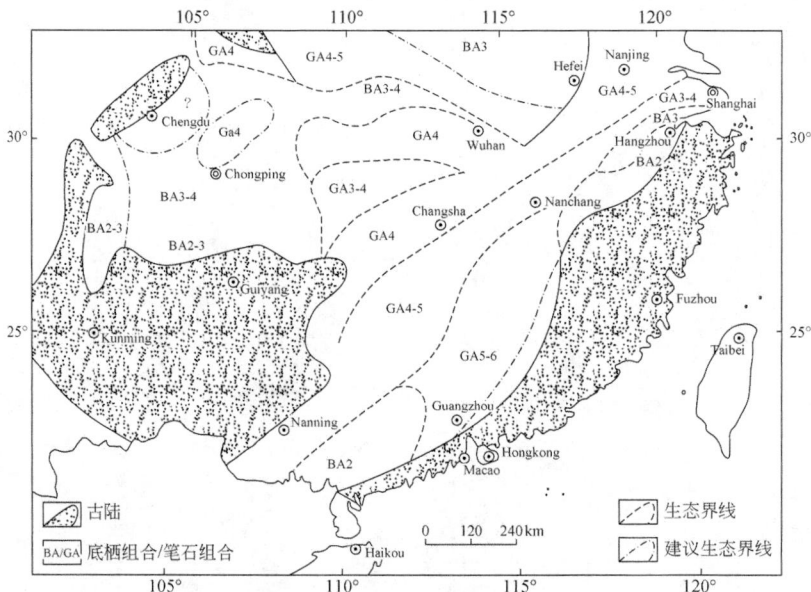

图 1.37　华南板块中—晚凯特期古地理再造（据周志毅等，1993）

图西端，滇东海湾向北退缩，湾头在北纬26°左右，滇、黔古陆已演变成滇、黔、桂古陆

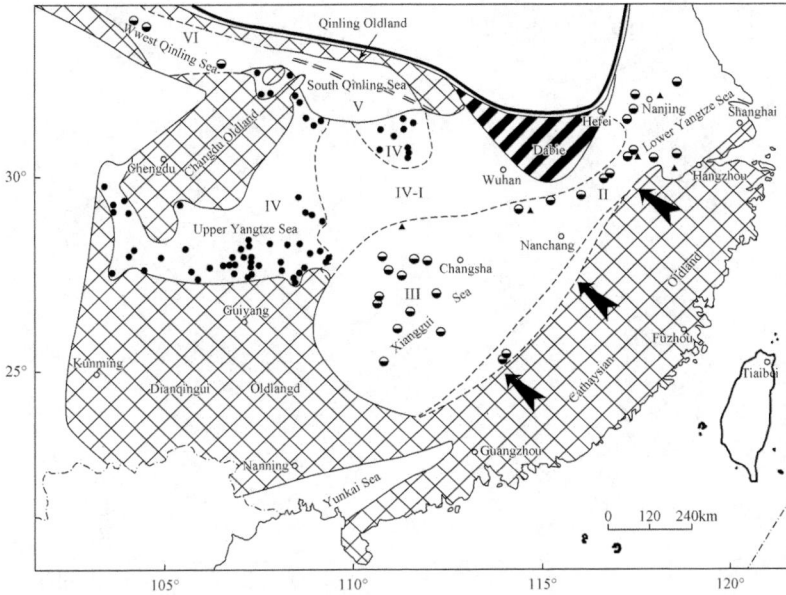

图 1.38　华南板块赫南特期古地理再造（据 Rong *et al.*，2003）

"滇东海湾"迅速向北退缩，湾头已退至北纬 27.5°左右，滇、黔、桂古陆继续扩大并与华夏古陆相连，"滇东海湾"已演变成"大关湾"

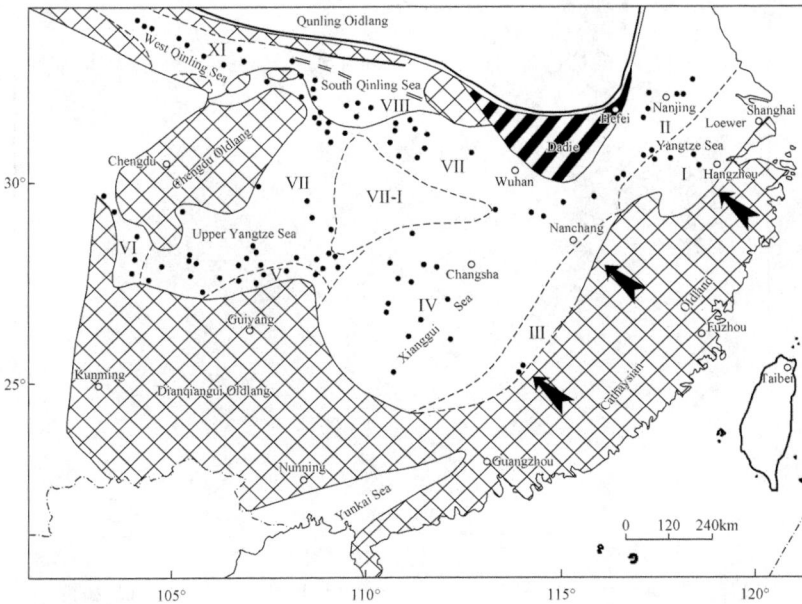

图 1.39　华南鲁丹期古地理图（据 Rong *et al.*，2003）

"滇东海湾"情况与赫南特期相似，滇、黔、桂古陆继续扩大，"滇东海湾"仍然在大关一带

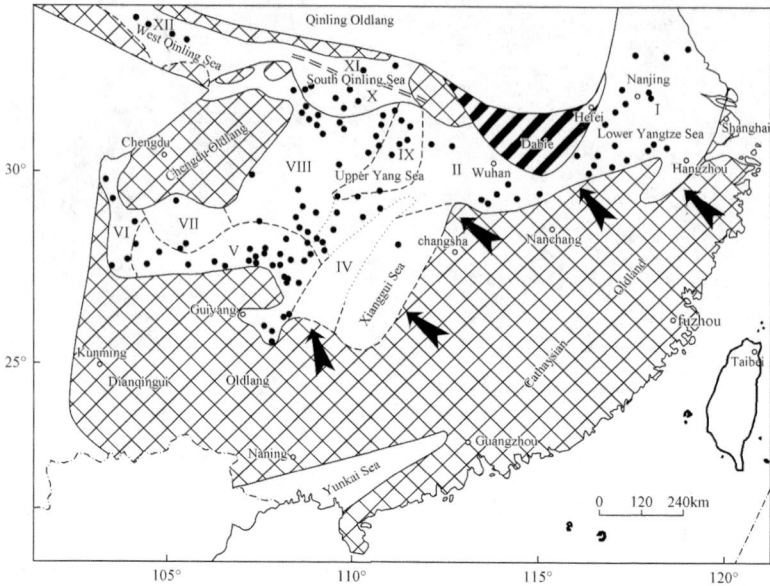

图 1.40　华南埃朗期古地理图（据 Rong *et al.*，2003）

"滇东海湾"向南扩展，海侵又达北纬 27°左右，"滇东海湾"已演变成开阔的"大关湾"

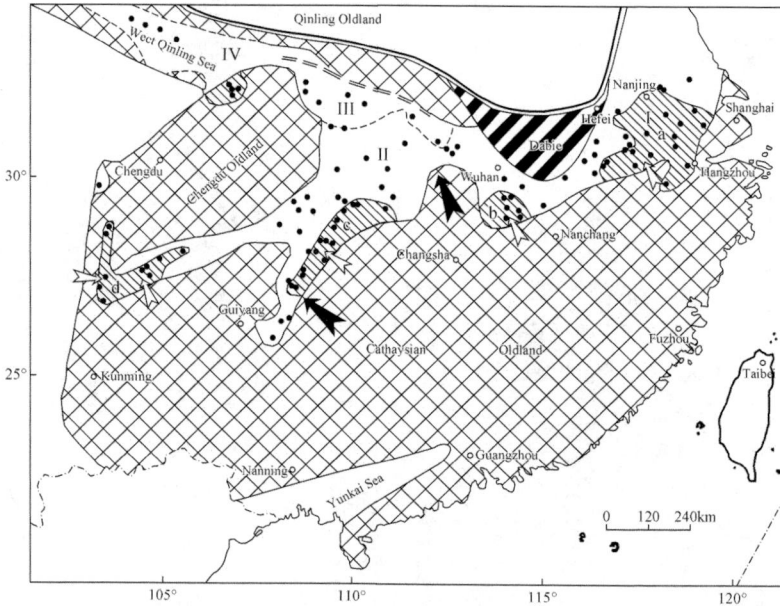

图 1.41　华南特列奇期古地理图（据 Rong *et al.*，2003）

"滇东海湾"继续向西南扩展，已达北纬 26.5°左右，湾头伸向昆明方向，其南端已到达贵州赫章狗飞寨一带
（N27°00′16.9″，E104°40′10.3″）以南。大关湾已与滇东海湾相通，也就是说莱地湾组和狗飞寨组是同期沉积

　　在志留纪拉德洛世-普里多利世的海侵还是继承了滇东海湾中寒武世—文洛克世时期滇东海湾的传统的低洼地域,海侵由北而南入侵滇东一带。在云南东北部大关-盐津一带,菜地湾组与其下志留系为连续沉积。而在贵州赫章地区,与菜地湾组相当的狗飞寨组已超覆在下寒武统之上。往南在曲靖以南,岳家山组、关底组、妙高组相继超覆在中寒武统双龙潭组或下奥陶统汤池组之上,形成由北而南的系列超覆。

　　江能人、薛顺荣则认为在兰多弗里世时期,川、滇、黔古陆又进一步扩大,海水退至滇东北大关-盐津地区。文洛克世(岳家山期、菜地湾期)是海侵期,海水由北而南入侵至巧家、鲁甸地区。关于滇东的海水,他们也认为是由南而北入侵滇东海湾的(云南省地质矿产局,1995)。

　　因此,从上述分析可以认为,滇东海湾形成于早寒武世沧浪铺期后期,位于南北向的川滇古陆和北东向的滇、黔、桂古陆之间,向北开口,在早古生代时期,一直是一个低洼的沉积区。滇东海湾在这段历史时期时大时小,一直与扬子地台内海相连(通)。

　　而戎嘉余等(1990)认为,滇东海湾(曲靖海湾)是在晚拉德洛世晚期才形成的,而且时间很短。他们说,"笔者认为,滇东-黔西地区在拉德洛世晚期是一个狭长的海湾,尽管沉降幅度很快,沉积厚度很大,但地质时限却很短"(黄冰等,2011)。他们的滇东海湾是在从早寒武世沧浪铺期后期以来,直至文洛克世早期(约90Ma)一直是隆起而无沉积的古陆地区形成的,而且长度达450km,宽度只有40km,最近又将其出口处改为20km的瓶形海湾(图1.5),还认为滇东海湾是一个快速沉降区。由一个隆起区突然产生一个狭长的快速沉降区,在短短的5~6Ma内沉积了近2000m的志留系,这与扬子地台西部滇东海湾的发育历史不相符合。

　　总之,我们的结论是滇东海湾的出口应在大关-盐津一带,海侵由北而南入侵滇东海湾。贵州赫章狗飞寨组、滇东岳家山组、关底组、妙高组由北而南系列超覆在寒武纪沧浪铺组、双龙潭组和早奥陶世汤池组、红石崖组等地层之上充分证明了这一点。

十四、关于扬子地台"曲靖下降"的质疑

　　戎嘉余、陈旭等(1990)在提出"特列奇期末"扬子地台整体上升"理念"的同时,还提出另一个双胞胎式的"理念",即"曲靖下降"。因为,扬子地台特列奇期末整体上升之后,扬子地台已呈现荒漠一片(图1.42),但滇东曲靖一带沉积了岳家山组、关底组、妙高组、玉龙寺组等地层又如何解释呢?海侵来自何方?于是"曲靖下降"就同时产生,即在扬子地台整体上升之后,缺失文洛克世、拉德洛世早期沉积,直至拉德洛世晚期滇东曲靖地区发生凹陷,海水由元江一带向北入侵,沉积了岳家山组及其以上的志留纪地层(图1.43)。

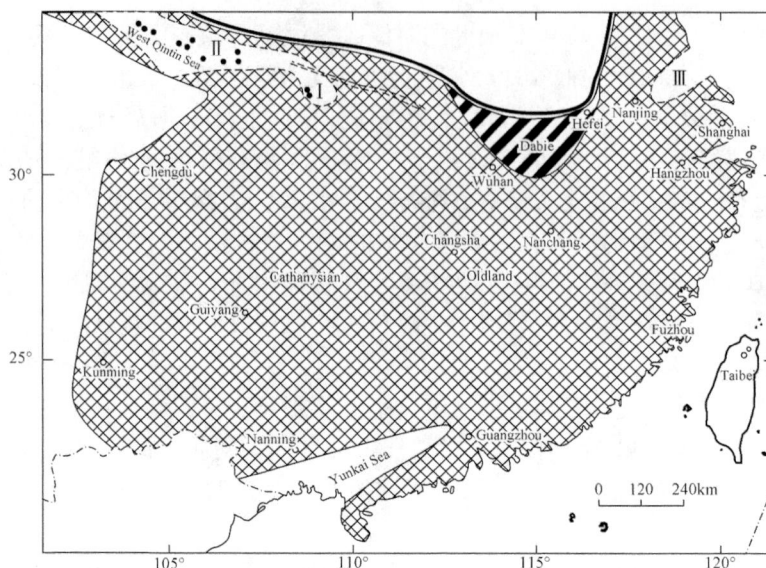

图 1.42　华南文洛克世古地理图（据 Rong *et al.*，2003）

根据 Rong 等的观点，扬子地台已整体上升成陆，滇、黔、桂古陆与华夏古陆已演变成华夏古陆

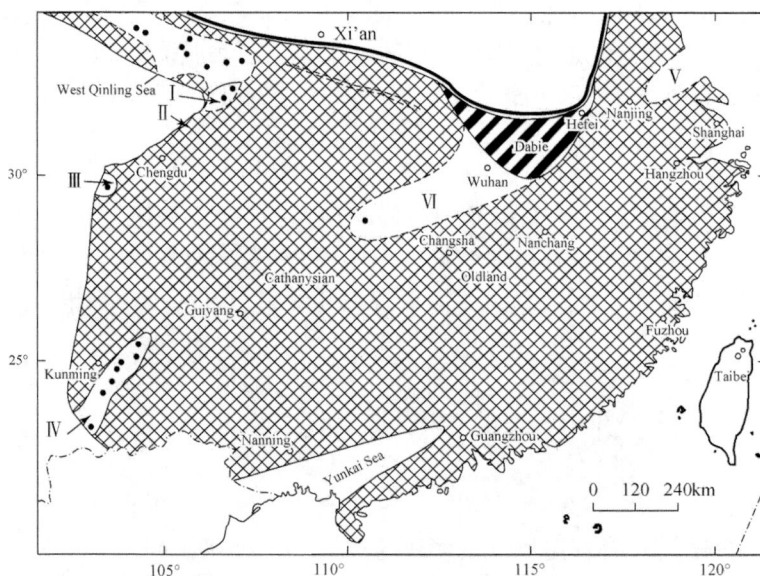

图 1.43　华南拉德洛期古地理图（据 Rong *et al.*，2003）

据 Rong 等的观点，滇东（曲靖）海湾又在昆明东侧出现，长度达 450～500km，宽度仅有 40km，开口朝西南方，而且在扬子地台中心湖南西部张家界一带出现长达 480km 左右的海湾，开口在湖北武汉一带。昆明东侧"曲靖海湾"的出现与早古生代发展历史相悖

这"一升一降"理念提出之后，遭到一系列发表资料的质疑。

1989 年，金淳泰等在川西二郎山地区发现完整且连续的志留系剖面，其中洒水岩组含 *Ozarkodina crispa*，腕足类 *Retziella* 动物群，已否定"特列奇期之末"扬子地台整体上升的"理念"，同时也证明与"曲靖下降"相同时代的志留系不仅见于曲靖一个地区，同时也见于川西二郎山地区。

1992 年金淳泰等发表了川北广元地区的完整且连续的另一个志留系剖面，在宁强组之上建立了金台观组、车家坝组和中间槽组。在车家坝组、中间槽组中找到拉德洛统的牙形石 *Ozarkodina crispa* 和腕足类 *Retziella* 等，再一次证明川北广元地区亦发育与滇东相似的沉积，说明扬子地台西部广泛发育文洛克统以上地层。

为此，陈旭等（1996，123 页）认为"直至特列奇期之末至文洛克世之初，四大海湾才最后消失，扬子上升完成，扬子地台整体上升成陆，直至罗德洛世的海侵才重新波及到扬子地台的西缘滇东曲靖-元江一带，川西二郎山和川北广元之地区"。"曲靖下降"演变成扬子地台西缘海侵（下降）。

1997 年 Geng 等和 1999 年耿良玉等发表了湖南张家界、湖北崇阳、安徽南陵、南京江宁、江苏句容、泰州和大丰等地地表和井下剖面采集到的几丁虫化石，证明不仅有文洛克世的几丁虫带化石，也有拉德洛世和普里多利世的几丁虫带化石。从而质疑扬子地台"特列奇期之末"整体上升的同时，也否定了拉德洛世仅限于扬子地台西缘海侵的看法。因为，上述地区的文洛克统与拉德洛统为连续沉积。

2001 年，王怿和李军发表了江苏北部晚志留世"植物碎片"研究的文章，从植物碎片角度也认为江苏大丰 Nc-2 井的坟头组含植物碎片的时代可与英国的同期资料对比，属于拉德洛世—普里多利世，并提出在拉德洛世—普里多利世时期，扬子古陆为大洋包围，受"曲靖下降"的影响，沿扬子古陆的西缘到东北缘，形成了 5 个互不相连的宽阔的沉积区（带）：①云南曲靖海湾；②四川二郎山海湾；③四川广元海湾；④湖南大庸-湖北崇阳海湾；⑤江苏大丰（钻井）海湾。还有一个广西防城海湾（不属于扬子地台）（图 1.44），支持"曲靖下降"说。王怿等认为，四川二郎山、四川广元、湖南张家界和湖北崇阳、江苏大丰及广西防城等地的同期沉积是受到"曲靖下降"的影响而形成的。这种看法显然与地质历史发展的事实不符。因为，上述 5 个地点不仅有拉德洛世晚期—普里多利世早期的沉积，还有兰多弗里世—拉德洛世早期的沉积，而且有些地点如江苏大丰、南京江宁坟头、湖南张家界等地与其下更老的地层如奥陶系也是连续沉积的。而滇东曲靖则没有这些沉积，而且滇东岳家山组、关底组由北而南超覆在中寒武统双龙潭组之上。因此很显然，滇东之外的 5 个地点在"曲靖下降"之前已经接受沉积。如果论下降先后的话，这 5 个地点在"曲靖下降"之前早已下降在先，说这 5 个地点是受"曲靖下降"的影响而下降的提法欠妥。

2003 年，Rong 等认为除苏北井下外，扬子地台缺失文洛克统、拉德洛统和普里多利统。扬子地台边缘有 6 个海湾，除王怿等（2001）提到的 5 个海湾外，增加了四川北部江油海湾。海湾之间完全隔绝，仅靠外海联系（图 1.43）。

2010 年，王怿、戎嘉余等发表了湖南张家界地区小溪峪组上部的微体古植物化石，并对其时代进行了讨论，将小溪峪组上段一分为二：上段下部和下段（红层）称之为回星哨组，上段上部称之为小溪组，归拉德洛世—普里多利世早期。前面已经提及，他们的这种划分在第四届全国地层会议上已遭到陈孝红的否定，不再重述。但是有二点是肯定的，一点是从微古植物的角度证明小溪峪组上段上部的时代为拉德洛世—普里多利世早期，补充了先前由几丁虫化石确定小溪峪组上段上部时代的正确性；另一点是承认了"湖南张家界地区位于华南块体的中心地带"。在"'扬子上升'之后到中泥盆世海侵之前，华南块体曾一度受过海侵，并在华南局部地区形成了具有一定厚度的沉积物"（图 1.45）。

2011 年，王怿等在重庆秀山回星哨组命名剖面的回星哨组上段识别出植物碎片 *Category* 2,3 Edwards，1982 等，并确定其时代为拉德洛世晚期—普里多利世早期，相似的地层也见于湖南龙山红岩溪的回星哨组上段和贵州印江地区回星哨组上段，与湖南张家界地区的小溪峪组上段完全相似，并连成一片，形成宽约 100km（湖南张家界—湖南龙山），长约 230km（湖南张家界—贵州印江），面积超过 $10000km^2$ 的沉积区。含相同植物碎片的地层也见于扬子地台区最北部的广元地区金台观组上部—车家坝组下部，以及往东约 900km 之遥的江苏北部大丰 Jc-2 井的坎头组上部（扬子地台最东端）。这充分说明拉德洛世晚期—普里多利世早期地层不仅见于扬子地台西部地区，而且也广泛分布于扬子地台中东部地区。

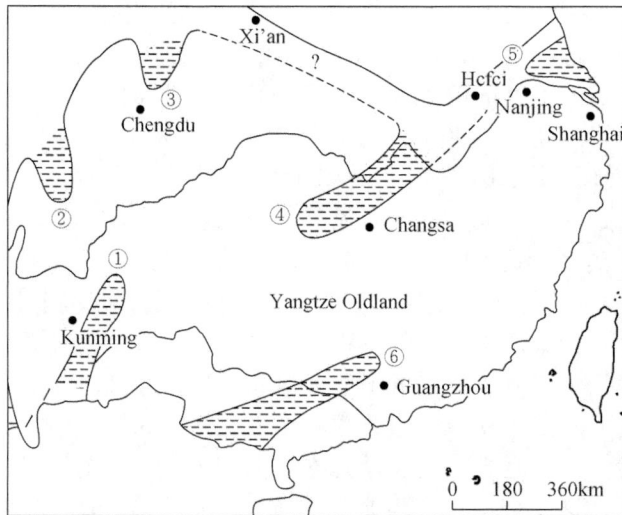

图 1.44　扬子地台晚拉德洛世—早普里多利世古地理图（据 Wang and Li，2001）

①云南曲靖；②四川二郎山；③四川广元；④湖南大庸（张家界）和湖北崇阳；⑤江苏大丰 Nc-2 钻井；⑥广西防城

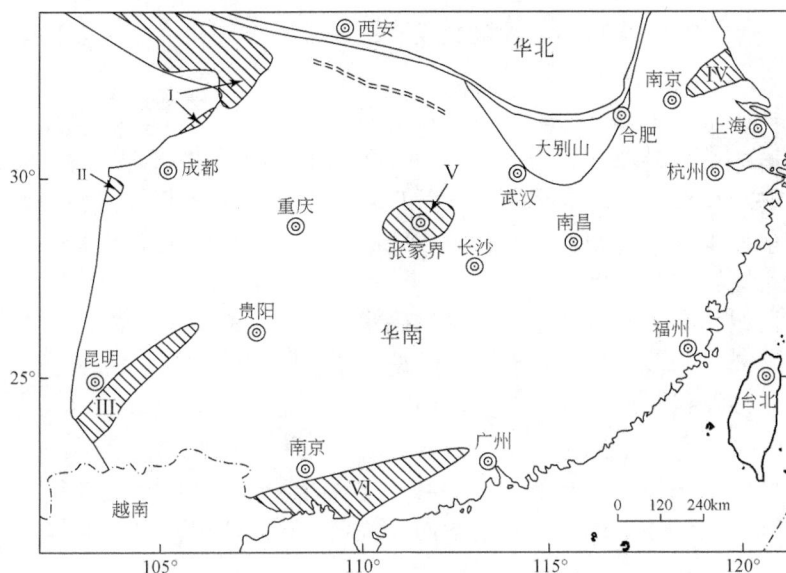

图 1.45　华南志留纪 Ludlow—Pridoli 世地层分布图（据王怿等，2010）

2011 年，黄冰、戎嘉余等报道了贵州赫章地区志留纪的小莱采贝动物群的发现，其中提到："值得注意的是王怿等（2010）依据来自湘西北张家界-桑植地区发现的微体化石（古植物碎片），确认志留纪晚期在扬子地台发育海相地层，充分说明在'扬子上升'后，扬子地台内部并非全是古陆，只是海水很浅，范围有限而已。当时发生过沉积，后来又剥蚀的可能性也不排除。作者在黔西赫章地区发现罗德洛世晚期地层，又一次扩展了对华南志留纪晚期古地理格局的认识，尤其是滇东海湾的范围从滇东地区一直扩大至黔西赫章地区，说明罗德洛世晚期海侵程度比之前范围更大。"

从上述可以看出，"曲靖下降"的作者在不断地否定自己以前的看法，由"曲靖下降"（1990 年）的一个海侵到扬子地台西缘 3 个海侵（湾）（1996 年），再到扬子地台周缘有 6 个海湾（海侵）（2003 年），再到扬子地台内部发育拉德洛世—普里多利世海相地层，即地台中央海侵（2010 年、2011 年）。由提出初期的"一降"（曲靖下降）变成"6 降（6 个海侵）"和一个地台中心下降。一次又一次地否定了最初一个"曲靖下降"的看法，而且也否定了扬子地台"特列奇期末"整体上升，扬子地台本部缺失文洛克统—普里多利统的看法。

按照他们发表的最新的论据，岂不是在"特列奇期末"扬子地台整体上升之后，又受到拉德洛世晚期—普里多利世早期的海侵，之后，扬子地台又整体抬升，其上为下泥盆统、中泥盆统、上泥盆统、中石炭统或中二叠统等平行不整合覆盖，这不就变成了在下泥盆统之前，扬子地台，在志留纪时期，有两次整体上升，由

"特列奇期末"的一次整体上升演变成"特列奇期末"和"普里多利世末期"两次上升了吗？令人费解的是这两次上升的上覆地层均完全一致。

事实证明，扬子地台内部广泛发育兰多维列统、文洛克统、拉德洛统和普里多利统地层，而且呈连续沉积，而不是仅在几个下降区内有其沉积。只是由于长期剥蚀（24～138Ma）关系，许多地点的文洛克统—普里多利统大多被剥蚀掉，而残留的部分多为滨海相碎屑岩和海相红层，化石稀少，尤其是大化石。因此，其时代确定比较困难而已。

在志留纪时期，扬子地台整体上升确实存在，而且只有一次，但不是在"特列奇期末"或"兰多维列世之末"，而是"在志留纪的末期"（黄汲清，1945）。这次上升仅涉及扬子地台的大部分，而在扬子地台的西端的滇东和四川二郎山等少数地区，志留泥盆系仍为连续沉积或逐渐过渡为陆相泥盆纪地层。

扬子地台最后和最大的整体上升也是黄汲清教授于 20 世纪 40 年代提出的在三叠纪之末，不仅扬子地台，甚至华南板块范围内均上升成陆（黄汲清，1945，见 1954，中文版）。

结语及展望

通过上述分析，可以归纳得出如下的认识：

（1）扬子地台区内志留系发育，包括兰多弗里统、文洛克统、拉德洛统和普里多利统，各统之间为连续沉积。

（2）到目前为止，可以确认的文洛克统—普里多利统的地区有江苏大丰（Nc-2井）、江苏泰州（N-4 井）、江苏句容（Jc-2 井）、南京市江宁区坟头、安徽南陵、湖北崇阳、湖南张家界、黔北和重庆秀山、贵州赫章、滇东曲靖地区、川西二郎山和川北广元一带。

（3）扬子地台区的志留系仍然是我国志留系最发育，研究最详细的地区，尤其是介壳相的志留系，可作为我国及东亚志留系的标准剖面。

（4）贵州赫章"狗飞寨组"的发现为滇东与滇东北地区志留系的对比架起一座桥梁，也为曲靖海湾与扬子海沟通提供了通道。

（5）"曲靖海湾"的出口不在元江地区，应在赫章之北的大关-盐津地区。海侵来自北面扬子内海，至少在妙高期之前是如此。滇东志留系由北而南（从赫章、曲靖到弥勒）的系列超覆现象充分证明了这一点。

（6）根据扬子地台区陆表现代剥蚀率、世界主要河流流域剥蚀率、云台观组砂岩的沉积率和 *Carnegiea* 属在重庆巫溪县的发现等，推测现存的回星哨组及其相当地层至少被剥蚀掉 500m 以上。其他地区为中泥盆统—中二叠统直接覆盖的残留地层，如黔北的韩家店组、鄂西的纱帽组等也可能是如此，它的时代不代表志留纪时期沉积的最后时代。

（7）所谓拉德洛世的"曲靖下降"是不存在的。其实，扬子地台的滇东-黔西海湾低地在寒武-奥陶纪就一直存在，仅是海水从中志留世岳家山期开始再次由北而南入侵该海槽而已。志留纪岳家山组等由北而南，已超覆于下奥陶统汤池组、红石崖组、下巧家组之上，也超覆于下寒武统沧浪铺组、龙王庙组和中寒武统双龙潭组之上。

（8）由于滇东北盐津-大关及黔西赫章一带是扬子地台海水由北而南入侵滇东一带必经之地。该地缺失拉德洛世晚期—普里多利世地层，充分证明此地被剥蚀的地层至少包括五个笔石带以上，而不仅仅是"难于超过一个笔石带"。

（9）武汉地区是湘西文洛克世—普里多利世小溪峪组海水入侵的必经之地。而目前，武汉地区中泥盆统云台观组平行不整合面之下的志留纪最高层位仅是兰多弗里世后期—文洛克世早期的锅顶山组。说明此地的文洛克世—普里多利世早期地层已被剥蚀掉。这段被剥蚀的地层，所含笔石带至少包括文洛克世—普里多利世早期的 10 个笔石带以上，再次证明被剥蚀掉的地层不是"难于超过一个笔石带"。

（10）志留纪时期，扬子地台整体上升是存在的，但不是在"特列奇期末"或"兰多维列世之末"，而是在普里多利世早期之后—早泥盆世之前，确切地说是在志留纪末。最西部的云南曲靖，川西二郎山等少数地区的志留系—泥盆系仍为连续沉积。

（11）"在志留纪的末期"、"扬子地台整个上升"的理念是黄汲清教授于 1945 年提出的，而戎嘉余、陈旭等（1990）提出的"兰多维列世之末"扬子地台整体抬升（扬子上升）的理念无论从抬升的时代和该理念首次提出的时间（晚 45 年）都是错误的，"扬子上升"一名是无效的，应以废弃。

扬子地台的志留系近 20 年来进展很大，有许多问题已逐步得到解决，但仍然有许多工作要做，特别是介壳相文洛克世—拉德洛世地层，概括有如下几个方面：

（1）地区方面应当集中力量对下列地区的志留系开展工作，如湘西、重庆秀山、云南大关-盐津地区、贵州赫章地区、川西二郎山和川北广元一带，重点是其中的小溪峪组、回星哨组、菜地湾组、狗飞寨组、岩子坪组和金台观组。

（2）在武汉以东地区集中力量开展坟头组及其相当地层、茅山组及其相当地层，如西坑组、唐家坞组等的工作，尤其是湖北崇阳地区的坟头组和茅山组。

（3）古生物方面要集中力量对上面提到的一些组中的几丁虫、疑源类、鱼形动物进行大量采集和研究工作。

（4）对某些有争议的界线上下开展岩石学方面的工作，如川西二郎山地区岩子坪组与爆火岩组、湘西小溪峪组上段上部和下部之间是否为平行不整合接触等。

希望有志于志留纪地层研究的工作者共同努力，争取在不久的将来取得更大的进展。

参 考 文 献

安徽省地质矿产局.1987. 安徽省区域地质志,中华人民共和国地质矿产部地质专报,一. 区域
　地质,第 5 号. 北京:地质出版社

陈旭,戎嘉余.1996. 中国扬子区兰多维列统特列奇阶及其与英国的对比. 北京:科学出版社

陈旭,戎嘉余,伍鸿基等.1991. 川陕边境广元宁强间的志留系. 地层学杂志,15(1):1~25

陈旭,徐均涛,成汉均等.1990. 论汉南古陆及大巴山隆起. 地层学杂志,14(2):81~116

方润森,江能人,范健才等.1986. 云南曲靖地区中志留世—中泥盆世地层及古生物. 昆明:昆
　明人民出版社

付力浦.1983. 陕西紫阳巴蕉口志留纪地层. 中国地质科学院西安地质矿产研究所所刊,(6)

付力浦,宋礼生.1986. 陕西紫阳地区(过渡带)志留纪地层及古生物. 中国地质科学院西安地
　质矿产研究所所刊,(14):1~198

付力浦,张子福.2007. 中国陕西紫阳仙中沟剖面兰多维列统—文洛克统界线层的笔石序列. 古
　生物学报,46(增刊)

付力浦,张子福.2008. 中国中志留纪底界界线层型综合研究报告. 见:中国地层委员会编. 中
　国主要断代地层建阶研究报告. 北京:地质出版社.395~419

付力浦,张子福,耿良玉.2006. 中国紫阳志留系高分辨率笔石生物地层与生物复苏. 北京:地
　质出版社

葛治洲,戎嘉余,杨学长等.1979. 西南地区的志留系. 见:中国科学院南京地质古生物所主编.
　西南地区碳酸盐岩生物地层. 北京:科学出版社.165~173

耿良玉,王玥,张允白等.1999. 扬子区后 Llandovery 世(志留纪)胞石的发现及其意义. 微体
　古生物学报,16(2):111~151

贵州省地层古生物工作队.1977. 西南地区区域地层表,贵州省分册. 北京:地质出版社

贵州省地质矿产局.1987. 贵州省区域地质志,中华人民共和国地质矿产部地质专报,一. 区域
　地质,第 7 号. 北京:地质出版社

侯静鹏.1982. 苏皖地区茅山群微体化石及其地质时代. 中国孢粉学会第一届学术会议论文集.
　北京:科学出版社.167~172

湖北省地质矿产局.1990. 湖北省区域地质志,中华人民共和国地质矿产部地质专报,一. 区域
　地质,第 20 号. 北京:地质出版社

湖北省地质矿产局.1996. 湖北省岩石地层. 武汉:中国地质大学出版社

湖南省地质矿产局.1988. 湖南省区域地质志,中华人民共和国地质矿产部地质专报,一. 区域
　地质,第 8 号. 北京:地质出版社

湖南省地质矿产局.1997. 湖南省岩石地层. 武汉,中国地质大学出版社

黄冰,戎嘉余,王怿.2011. 黔西赫章志留纪晚期小莱采贝动物群的发现及其地理意义. 古地理

学报，13（1）：30～36

黄汲清.1954.中国主要地质构造单位.北京：地质出版社（1945年英文本的中文版）

江西省地质矿产局.1984.江西省区域地质志，中华人民共和国地质矿产部地质专报，一.区域
　　地质，第2号.北京：地质出版社

金淳泰.1984.云南大关黄葛溪志留系床板珊瑚系列.古生物学报，23（1）：1～22

金淳泰，钱咏蓁，王吉礼等.2005.中国四川盐边志留系上部分统建阶综合研究报告.见：第二
　　届全国地层委员会编.中国主要断代地层建阶研究报告.北京：地质出版社.357～394

金淳泰，万正权，陈继荣.1997.上扬子地区西北部志留系研究新进展.特提斯地质，21：142～
　　181

金淳泰，万正权，叶少华等.1992.四川广元、陕西宁强地区志留系.成都：成都科技大学出版社

金淳泰，叶少华，江新胜等.1989.四川二郎山地区地层古生物.成都地质矿产研究所所刊，11：
　　1～224

李耀西，宋礼生，周志强等.1975.大巴山西段早古生代地层志.北京：地质出版社.1～372

林宝玉.1979.中国的志留系.地质学报，53（3）：173～191

林宝玉.1986.*Carnegiea* Girty 及其分类位置.纪念乐森璕教授从事地质科学、教育工作六十年
　　论文选集.北京：地质出版社.86～92

林宝玉.1986.中国志留纪牙形石生物地层及展望.中国地质，（10）：31，32

林宝玉.1991.扬子地台区志留系研究的新进展.中国地质，（1）：16，17

林宝玉，池永一，金淳泰等.1988.床板珊瑚形珊瑚.古生代珊瑚化石专著，一，二.北京：地
　　质出版社

林宝玉，郭殿珩，汪啸风等.1984.中国的志留系，中国地层6.北京：地质出版社.1～245

林宝玉，苏养正，朱秀芳.1998.中国地层典，志留系.北京：地质出版社

林宝玉，王乃文，王思恩等.1989.西藏地层.见：中华人民共和国地质矿产部.地质专报，二.
　　地层古生物，第11号.北京：地质出版社

林宝玉，许寿永，贾慧贞等.1995.皱纹珊瑚与异形珊瑚，古生代珊瑚化石专著.北京：地质出
　　版社

雒昆利.1986.陕南岚皋、紫阳一带中、下志留统界线的划分.湘潭矿业学院学报，（2）：92～
　　103

雒昆利.1992a.五峡河组、白崖垭组和安坪梁组的再认识.地层学杂志，16（4）：316～319

雒昆利.1992b.陕南志留系五峡河组地层的沉积环境与笔石生存和保存的关系.沉积学报，
　　10（2）：79～87

雒昆利.1992c.陕南志留纪 *Oktavites spiralis* 的演化分类及地层意义.西安矿业学院学报，
　　12（2）：145～149

潘江.1986a.中国志留纪脊椎动物群的初步研究.中国地质科学院院报，（15）：161～184

潘江.1986b.中国志留系脊椎动物的新发现.北京大学地质系论文选集.北京：地质出版社

戎嘉余. 2005. 再论志留纪年代地层的统、阶层型研究. 地层学杂志, 29（2）: 96～107

戎嘉余, 陈旭. 2000. 中国志留纪年代地层学述评. 地层学杂志, 24（1）: 27～35

戎嘉余, 陈旭, 王成源等. 1990. 论华南志留系对比的若干问题. 地层学杂志, 14（3）: 161～177

戎嘉余, 马科斯·约翰逊, 杨学长. 1984. 上扬子区早志留世（兰多维列世）的海平面变化. 古生物学报, 23（6）: 672～694

戎嘉余, 王怿, 黄冰. 2017. 志留系. 见: 中国地层委员会主编. 中国地层, 第二章下古生界. 北京: 地质出版社

四川省地质矿产局. 1991. 四川省区域地质志, 中国人民共和国地质矿产部地质专报, 一. 区域地质, 第 23 号. 北京: 地质出版社

万方, 许效松. 2003. 川滇黔桂地区志留纪构造-岩相古地理. 古地理学报, 5（2）: 180～186

王成源. 1980. 云南曲靖上志留统牙形刺. 古生物学报, 19（5）: 363～377

王成源. 1998. 华南志留系红层的时代. 地层学杂志, 22（2）: 127, 128

王成源. 2001. 云南曲靖地区关底组的时代. 地层学杂志, 25（2）: 125～127

王根贤, 耿良玉, 肖耀海等. 1988. 湘西北秀山组上段小溪峪组的地质时代和沉积特征. 地层学杂志, 12（3）: 216～225

王立亭. 1976. 贵州的志留系, 贵州省各时代地层总结. 贵州省革命委员会地质局, 1～168

王怿, 李军. 2001. 江苏北部晚志留世植物碎片的研究. 古生物学报, 40（2）: 51～60

王怿, 戎嘉余, 徐洪河等. 2010. 湖南张家界地区志留纪晚期地层新见兼论小溪组的时代. 地层学杂志, 34（2）: 113～126

王怿, 张小乐, 徐洪河等. 2011. 重庆秀山志留系小溪组的发现与回星哨组的厘定. 地层学杂志, 35（2）: 113～121

杨敬之, 董得源等. 1962. 中国的层孔虫, 中国各门类化石. 北京: 科学出版社

云南省地质矿产局. 1990. 云南省区域地质志, 中国人民共和国地质矿产部地质专报, 一. 区域地质, 第 21 号. 北京: 地质出版社

云南省地质矿产局. 1995. 云南岩相古地理图集. 昆明: 云南科技出版社

云南省地质矿产局. 1996. 云南省岩石地层. 武汉: 中国地质大学出版社

张文堂等. 1979. 西南地区的寒武系, 中国科学院南京地质古生物所 "西南碳酸盐岩生物地层". 北京: 科学出版社

浙江省地质矿产局. 1989. 浙江省区域地质志, 中国人民共和国地质矿产部地质专报, 一. 区域地质, 第 11 号. 北京: 地质出版社

Geng L Y, Qian Z S, Ding L S, Wang G X, Wang Y, Cai X Y. 1997. Silurian Chitinozoans from the Yangtze Region. Palaeoworld, 7: 1～124

Holland C H, Bassett M G. 2002. Telychian rocks of the British and China（Silurian, Llandovery Series）. National Museum of Wales, Geological Series, 21: 210

Huang T K. 1945. On major tectonic forms of China. Geol Memoirs，A20：165（with Chinese Summary of 11 pages）

Mu E Z，Boucot B J，Chen X，Rong J Y. 1986. Correlation of the Silurian rocks of China（A part of the Silurian correlation for East Asia）. Special Paper of the Geological Society of America，202：1～80

Pan J，Dineley D L. 1988. A review of early（Silurian and Devonian）vertebrate biogeography and biostratigraphy of China. Proceedings of Royal Society of London，B235：29～61

Pickett J. 1982. The Silurion System in New South Wales. Department of Mineral Resource，Geological Survey of New South Wales，29：264

Rong J Y，Chen X. 2003. Silurian biostratigraphy of China. In：Zhang W T，et al（eds）. Biostratigraphy of China. Beijing：Sciences Press. 173～236

Rong J Y，Chen X，Su Y Z，et al. 2003. Silurian paleogeography of China. In：Landing E，et al（eds）. Silurian Lands and Seas-Palaeogeography Outside of Laurentia. New York State Museum Bulletin，493：243～298

Strusz D L. 1995. Timescales，3，Silurian，Australian Phanerozoic Timescales，Biostratigraphic Charts and Explanatory Notes，Second series. AGSO Record 32

Tang P，Wang J，Wang C Y，et al. 2015. Microfossils across the Llandovery-Wenlock boundary in Ziyang-Langao region，Shaanxi，NW China. Palaeoworld，24：221～230

Walker T. 2000. Eroding ages. Creatin，22（2）：18～21

Wang Y，Li J. 2000. Late Silurian trilete spores from northern Jiangsu，China. Review of Palaeobotany &Palynology，111：111～125

Wang Y，Zhu H C，Li J. 2005. Late Silurian macrofossil assemblage from Guangyuan，Sichuan，Review of Palaeobotany & Palynology，133：152～168

Yin Z X（Yin Tsan-Hsun）. 1966. China in the Silurian Period. Journal Geo Soc Australia，13（1）：277～297

Zhao W J，Zhu M. 2010. Silurian-Devonian Vertebrate Biostratigraphy and biogeography of China. Palaeoworld，19（1-2）：4～26

Zhao W J，Zhu M. 2015. A review of Silurian fishes from Yunnan，China and related biostratigraphy. Palaeoworld，24：243～250

Zhang G R，Wang S T，Wang J Q，Wang N Z，Zhu M. 2010. A basal antiarch（Placoderin fish）from the Silurian of Qujing，Yunnan，China. Palaeoworld，19：129～135

Zhu M，Wang J Q. 2000. Silurian vertebrate assemblages of China. Courier Forschungs-Institut Senckenberg，223：161～168

Chapter One　Some Silurian Problems in the Yangtze Platform with Its Age of Bodily Uplift

LIN Baoyu，HUANG Zhigao，LI Ming and WU Zhenjie

Abstract

This paper deals with some Silurian problems in the Yangtze platform from China as follows：

（1）About the age of the Huixingshao Formation and its coeval strata.

Based on the new investigation of chitinozoa（Geng *et al.*, 1997, 1999）and microfossils （including phytodebris and acritaches）（Wang *et al.*, 2001, 2010, 2011）, the Huixingshao, Xiaoxiyu，Maoshan formations and its equivalent strata were miscorrelated with the upper Telychian rocks in the British Isles reported by Rong *et al.* （1990），Chen *et al.* （1996）, Rong and Chen（2003），Rong *et al.* （2003），Holland and Bassett（2002）and Rong *et al.* （2017），but the Huixingshao Fm and Xiaoxiyu Fm are now regarded as Wenlockian to Ludlovian age，the Maoshan Formation is regarded as Pridolian age.

（2）About the age of the Fentou Formation.

The Fentou Formation was miscorrelated with the middle Telychian rocks in the British Isles by Rong *et al.* （1990），Chen *et al.* （1996），Rong and Chen（2003），Rong *et al.* （2003），Holland and Bassett（2002）and Rong *et al.* （2017）.This formation is now regarded as middle Telychian to Ludlovian age，because in the typical locality of Nanjing area，Jiangsu Province，the upper part of the Fentou Formation yields Ludlovian chitinozoan *Angochitina sinica* Zone（Geng *et al.*, 1999），while the upper part of the Fentou Formation in Zhongyang County of Hubei Province yields early Wenlockian chitinozoan *Conochitina puaca- Angochitina longicollis* Zone and *Grahnichitina solida* Zone，and the Fentou Formation in Dafeng-Taizhou Area，northern Jiangsu Province yields the Wenlockian chitinozoan *Conochitina solida* Zone（lower part），Ludlovian chitinozoan *Angochitina elongata* Zone，*Grahnichitina philipi* Zone and *Angochitina sinica* zone（upper part）（Geng *et al.*, 1997, 1999）.These chitinozoan zones indicate that the age of the Fentou Formation is from the middle Telychian to Ludlovian age.

（3）The Silurian of the Yangtze Platform is better known than that of any other Chinese region，because of its superior exposure，rich shelly and graptolite fossils，better access，a longer research history，more detailed and accurate biostratigraphic correlation，therefore it should be a standard Silurian region of China，even in East Asia.

The correlation chart of the Silurian rocks from the Yangtze platform is listed in Table 1.

（4）According to the discovery of the Wenlockian to Pridolian chitinozoa and mircrofossils from the Huixingshao Formation，the Xiaoxiyu Formation，the Fentou Formation and the Maoshan Formation，the correlation of the Silurian rocks between the Yangtze Platform，China and the British Isles are listed in Table 2.

The Maoshan sandstones and its coeval strata such as the Xikeng sandstones in Anhui Province and the Tangjiawu sandstones in Zhejiang Province are equivalent，at least，partly equivalent to the Old Red sandstones in the British Isles in age.

（5）The age of bodily uplift in the Yangtze platform was "especially towards late Silurian" reported by Huang（1945），but is not in the late Telychian age reported by Rong *et al.*（1990），Chen *et al.*（1996），Rong and Chen（2003），Rong *et al.*（2003），Rong *et al.*（2017）.

Table 1 Correlation chart of the Silurian rocks from the Yangtze platform, China

System	Series	Stage	Area: Erlangshan, Sichuan Jin et al., 1989,1997	Ouqing, E. Yunnan Lin et al., 1984,1998 Geng et al., 1999	Hezhang,W. Guizhou Stratigraphi chart of Guizhou,1977 Huang et al.,2011	Daguan,NE. Yunnan Lin et al., 1984	Guangyuan, N. Sichuan Jin et al., 1992, 1997	Yinjiang, N.-E. Guizhou Wang et al., 2011	Xiushan, S. Chongqing Ge et al., 1979; Wang et al., 2011	Zhangjiajie, NW Hunan Geng et al., 1999 Wang et al., 2010	Chongyang Hubei Geng et al., 1999	Nanjing Jiangsu Geng et al., 1997,1999	Northern Jiangsu NC-2#, N.-4 Geng et al., 1997, 1999 Wang et al., 2001	Explanation
	Overlying strata		Dounuzi Fm. D₂ Pengcuigou Fm. D₂	Cuifengshan Fm. D	Danlin Gr. D₂	Cuifengshan Fm. D₂	Longdongbai Fm. D₂	Liangshan Fm. P₂	Yuntaiguan Fm. D₂	Yuntaiguan Fm. D₂	Wutong Fm. D₃	Wutong Fm. D₃	Wutong Fm. D₃	
Silurian	Pridoli	Ludfordian	Maliuqiao Fm. 167m	Yulungssu Fm. 387m ⊗ O₈										
	Ludlow	Gorstian	Sashuiyan Fm. 177m ● ⊗	Miaokao Fm. 758m ● ⊗										
			Yanziping Fm. 280M: Member 441m / Member 3 118m / Member 2 30m / Member 1 191m	Kuanti Fm. O₇ 563m / Yuejiashan Fm. 223m ▲	Caidiwan Fm. 230m: [Upper Member] >120m / Lower Member 109m ●	Caidiwan Fm. 109m: Upper M. >17m / Lower M. 92m	Jintaiguan Fm. 168m: Upper M. 40.06m / Middle M. 37.65m / Lower M. 90.23m ● ❀	Huixingshao Fm. 85m: Upper M. 57m / Lower M. 85m ❀	Huixingshao Fm. 142m: Upper M. 57m / Lower M. 85m ▲ ❀	Xiaoxiyu Fm. 480m: Upper ❀ / Member / Lower Member 23m ▲ O₁ O₁₀ O₁₁		Maoshan Fm. >115m	Maoshan Fm. O₉: (Zhaishan Fm.) O₈ O₉
	Wenlock	Homerian Sheinwoodian					Chejiaba Fm. 169m Zhongjianliang Fm. 240m ⊗	Xiushan Fm.	Xiushan Fm. 516m	Xiushan Fm. >44m	(Zhaishan Fm.) O₅ O₄ O₃	(Zhaishan Fm.)	(Zhaishan Fm.)
						Shifengya Fm. 49m	Wangjiawan Fm. 257m	Rongxi Fm.	Rongxi Fm. 258m	Rongxi Fm.			
	Llandovery	Telychian	Baohuoyan Fm. 164m / Changyanzi Fm. 438m / Longdanyan Fm. 88m / Luoguanwan Fm. 500m			Daluzhai Fm. 360m	Ningqiang Fm. 846m	Xiushan Fm.	Hsiaohopa Fm. 343m	Hsiaohopa Fm.	Fenton Fm.	Fenton Fm.	Fenton Fm.
		Aeronian				Huanggeshi Fm. 272m	Cujiagou Fm. 447m	Hsiaohopa Fm.	Longmachi Fm.	Hsiaohopa Fm. O₂ O₁	Houjiatang Fm.	Houjiatang Fm. 122m	Gaojiaben Fm. (Kaochiapien)
		Rhodda-nian	Yuanyangyan Fm. 256m			Longmachi Fm. 144m		Longmachi Fm.	Longmachi Fm. 372m	Longmachi Fm.	Gaojiaben Fm. (Kaochiapien)	Gaojiaben Fm. (Kaochiapien) 1206m	Gaojiaben Fm. (Kaochiapien)
	Underlying strata		Erlangshan Fm. O₃	Shuanglongtan Fm. €₃	Canglangpu Fm. €₁	Wufeng Fm. O₃	Baota Fm. O₃	Wufeng Fm. O₃	Wufeng Fm. O₃	Wufeng Fm. O₃	Wufeng Fm. O₃	Wufeng Fm. O₃	Wufeng Fm. O₃

Explanation:

"especially towards late Silurian", The Yangtze platform was bodily uplifted" T.K. Huang, 1945

Disconformity

⊗ Marine red beds

Ozarkodina crispa (or O. snajdri zone) S₄

"Wangalepis sinensis"

▲ Retiolella listense

● Coniochitina pauca & Angochitina longicollis S₃; or varhyonus-pnaua zone S₃

Conodonts

Fishes

brachiopods

chitinozoa

O₁ Grabtochitina solida zone S₂

O₂ O. hvorpediolades zone S₂

O₃ G. reticulifera zone S₂

O₄ Angochitina margaretacea zone S₃

O₅ A. elongata zone S₂

O₆ Grabtochitina philipi zone S₃

O₇ Angochitina sinica zone S₃

O₈ Fungochitina kosorensea zone S₃

O₉ Lambehchina tubecculifera zone S₃

O₁₀ L. crassispaua zone S₃

❀ Category 23 Edwards, 1982 S₂ₘ

Table 2　Correlation of the Silurian rocks between the Yangtze Platform and the British Iles

System	Series	Stage	Erlangshan, W. Sichuan	Qujing, E. Yunnan	Daguan, NE. Yunnan	Guangyuan, N. Sichuan	Xiushan, S. Chongqing	Zhangjiajie, NW. Hunan	Chongyang, SE. Hubei	Jiangsu	British Iles
	Overlying strata		Douniuzi Fm. D_1	Cuifengshan Fm. D_1	Cuifengshan Fm. D_1	Longdongbai Fm. D_2	Yuntaiguan Fm. D_2	Yuntaiguan Fm. D_2	Wutong Fm. D_3	Wutong Fm. D_3	Devonian D_1
Silurian	Pridoli	Stage not defined yet	Maliuqiao Fm.	Yulungssu Fm.		Zhongjianliang Fm.	Maoshan Fm.		Maoshan Fm.	Maoshan Fm.	Downton
	Ludlow	Ludfordian	Sashuiyan Fm.	Miaokou Fm.		Chejiaba Fm.					Ludlow
		Gorstian		Kuanti Fm.	Caidiwan Fm.						
	Wenlock	Homerian	Yanziping Fm.	Yuejiashan Fm.		Jintaiguan Fm.	Huixingshao Fm.	Xiaoxiyu Fm.	Fenton Fm.	Fenton Fm.	Wenlock
		Sheinwoodian									
	Llandovery	Telychian	Baohuoyan Fm. / Changyanzi Fm. / Longdanyan Fm.		Daluzhai Fm. / Shifengya Fm.	Ningqiang Fm. / Wangjiawan Fm. / Cuijiagou Fm.	Xiushan Fm.	Xiushan Fm.	Houjiatang Fm.	Houjiatang Fm.	Llandovery
		Aeronian	Luoguanwan Fm.		Huanggeshi Fm.		Rongxi Fm.	Rongxi Fm.	Gaojiaben (Kaochiapien) Fm.	Gaojiaben (Kaochiapien) Fm.	
		Rhuddanian	Yuanyangyan Fm.		Lungmachi Fm.	Baota Fm. O_3	Hsiaohopa Fm. / Longmachi Fm.	Hsiaohopa Fm. / Longmachi Fm.			
	Underlying strata		Erlangshan Fm. O_3	Shuanglongtan Fm. $\in_2$	Wufeng Fm. O_3		Wufeng Fm. O_3	Wufeng Fm. O_3	Wufeng Fm. O_3	Wufeng Fm. O_3	Ordovician O

第二篇 扬子地台志留纪海相红层及其国际对比[*]

林宝玉[1] 李 明[1,2] 武振杰[1]

（1.中国地质科学院地质研究所；2.地层与古生物重点实验室）

绪 言

中国古代海相红层的研究尚处于初期阶段。近数十年来，古生代海相红层主要研究是在奥陶纪，如武振杰、林宝玉等（2015）；志留纪，如葛治州等（1979）、四川省地质矿产局（1991）、贵州省地质矿产局（1987）、金淳泰等（1989，1992）、陈旭等（1996）、Mu 等（1986）、王成源（1998，2002，2011）、戎嘉余等（1990，2012，2017）、耿良玉等（1999）、胡修棉（2013）、Liu 等（2016）、Rong 等（2003，2016）、Wang 等（2010）和 Zhang 等（2014）等。中生代主要集中在白垩纪，如万晓樵等（2005）、王成善和胡修棉（2005）、胡修棉等（2006，2009，2013）等。古生代海相红层的研究着重于从生物地层的角度探讨海相红层的层序、特征及时代等，而中生代方面的研究主要是从岩石学的角度对大洋红层的成因、类型、沉积环境、区域分布及构造位置等方面进行剖析。

扬子地台志留纪海相红层的研究虽然已有近 40 年的历史，但是对扬子地台志留纪海相红层有多少层（套），2 层（葛治州等，1979；陈旭等，1996）、3 层（Mu et al.，1986；王成源，2002，2011；戎嘉余等，2017）还是 5 层（耿良玉等，1999）则有不同的看法。其次，对于是否均属于浅水海相红层（戎嘉余等，1990；陈旭等，1996；王成源，1998；耿良玉等，1999），有无深水或半深水海相红层，如盆地相或盆地边缘（斜坡相）海相红层，尚无人涉及。再次，扬子地台是否仅有特列奇期早期、特列奇期晚期和拉德洛世晚期海相红层，有无兰多弗里世鲁丹期、埃朗期和文洛克世海相红层。这些都是值得进一步研究的问题。

志留纪海相红层时代的确定和层序的建立是海相红层研究的基础。否则会把同一时代的海相红层归入不同的时代，如岩子坪组海相红层就曾被某些作者（陈

* "古生代若干无脊椎动物化石及地层调查"（编号 1212001102000150010-08）、"中国及邻区海陆大地构造研究"（编号 12120113013700）及"古生物标准化石数据库建设"（编号 1212011020000150006）联合资助。

旭等，1996；Rong *et al.*，2003）列入不同的时代，金台观组海相红层也有相似的情况，或将不同时代的海相红层划归同一年代，如将茅山组海相红层与回星哨组红层对比（陈旭等，1996）。

本书的目的除了建立扬子地台志留纪海相红层的层序、时代和特征等外，还要简要地回答上述扬子地台海相红层尚未解决的三个主要问题。

由于对扬子地台滇东地区和扬子地台本部志留系对比尚有不同的看法。本书采用如表所示的对比方案（表2.1）。

本部分是作者多年对扬子地台不同地区海相红层实地考察的基础上综合前人资料整理而成。其中包括前人辛勤劳动的成果，作者在此表示感谢！

一、扬子地台志留纪海相红层层序及特征

根据作者多年实地考察和前人发表的地质资料的综合研究，扬子地台志留纪海相红层的层序及特征由老而新简介如下：

（一）兰多弗里统鲁丹阶

1. 霞乡组下段下部海相红层

岩性为黄绿、棕红色浅-中厚层细砂岩、粉砂岩夹页岩，产笔石 *Glyptograptus* cf. *kaochiapienensis*、*Climacograptus* cf. *normalis*、*Orthograptus* sp.、*Diplograptus* sp. 等，厚63.21m。棕红色岩层为海相红层，厚度不详。该红层未见标准笔石带化石。但在其上第6层含笔石 *Akidograptus* sp.，其上第10层含笔石 *Pristiograptus leei* 带化石，它是鲁丹期的最高笔石带。因此，该红层的时代可能为 *Akidograptus acuminatus* 带，属深水陆架到盆地相沉积、局部见浊流沉积《安徽省岩石地层》，153，154页，见于黄山市黄山区桃岑-桃坑剖面）。

属于该海相红层的尚有：新开岭组上部（原梨树窝组下部）113层海相红层。岩性为下部浅紫色页岩，底部有一层厚1cm的硅质层，厚0.33m。含笔石 *Akidograptus* sp.、*Orthograptus* sp.，上部为浅紫红色页岩，中部灰黑色页岩，下部棕黄色粉砂岩，产笔石 *Climacograptus* sp.、*Glyptograptus* sp.，厚1.87m，共厚2.2m，其上覆地层还含 *Akidograptus* sp.，其下109～110层含笔石 *Akidograptus ascensus* 带（该红层之下6.5m处）。因此，该红层的年代也应该属于 *A. acuminatus* 带（《江西省岩石地层》，89页，武宁县宁溪乡新开岭剖面）。江西省岩石地层编者认为属陆棚浅海边缘的一个封闭较深水盆地沉积（《江西省岩石地层》，104页）或可能属陆架斜坡相（《江西省岩石地层》，157页）。

表2.1　扬子地台中西部志留系对比简表

地层时代＼地区	滇东(曲靖)	黔西(赫章)	滇东北(盐津)	重庆(秀山)	川西(二郎山)	川北(广元)	湘西(张家界)	鄂东(蒲圻)	鄂东(崇阳)
上覆地层	翠峰山群(S4—D1)	丹林群(D1)	翠峰山群(D1)	云台观组(D2)	陡牛子层(D1)	龙洞碑组(D2)	云洞观组(D2)	黄龙组(C2)	五通组(D3)
普里道利统	玉龙寺组	上段／下段	上段／下段	云台观组(D2) 上段／下段 回星哨组	麻柳桥组／酒水岩组	中间嵊组／车家坝组	云洞观组(D2) 上段／下段 小溪峪组	茅山组	茅山组
拉德洛统	妙高组／关底组	菜地湾组(回星哨组)	菜地湾组	秀山组／溶溪组	岩子坪组(4段·3段·2段·1段)	金台观组	秀山组	坟头组	坟头组
文洛克统	岳家山组		大路寨组／嘶风崖组／黄葛溪组	小河坝组	爆火岩组／长岩子组／龙胆岩组／罗圈湾组／鸳鸯组	宁强组／杨坡湾组／王家湾组／崔家沟组	(未出露)	高家边组	高家边组
兰多弗里统			龙马溪组	龙马溪组		龙马溪组			
下伏地层	双龙潭组 €2¹	沧浪铺组 €1²	五峰组	五峰组	五峰组	五峰组		五峰组	五峰组

2. 张湾组下部海相红层

见于河南淅川县城西南张湾乡后凹（湾）的张湾组命名剖面的第 6 层。岩性为紫红色泥岩，含笔石 *Petalolithus minor*、*P. palmeus*、*Pristiograptus xichuanensis* 等。笔石亦呈紫红色保存，厚 5.16m（《河南省岩石地层》，232 页，汪啸风等，1986），其上覆地层 7 层含笔石 *Demirastrites triangulatus* 带化石，因此，该红层年代应属于 *P. leei* 带，属鲁丹期晚期。

属于该海相红层的尚有：

（1）霞乡组下段上部海相红层，岩性为黄、紫红色细砂岩与黑、黄色薄层页岩互层，产笔石 *Climacograptus* sp.、*Glyptograptus* sp.、*Orthograptus* sp.，厚约 10m。红层本身未见标准笔石带，但其下第 4 层含笔石 *Orthograptus vesiculosus* 及 *Akidograptus* sp.，属于 *P. leei* 带或 *cyphus* 带（《安徽省岩石地层》，152,153 页）。

（2）湖北宜都龙马溪组下部海相红层。岩性为浅紫色红色页片状石英粉砂岩、云母黏土岩，厚 0.84m。含丰富的笔石：*Pristiograptus leei*、*P.* cf. *cyphus*、*Orthograptus vesiculosus* 等，属于 *P. leei* 带。其下与五峰组（含笔石 *Yinograptus*、*Climacograptus longispinus supernus* 等）呈假整合接触（钟德宏，1988，157 页）。

（二）兰多弗里统埃郎阶

3. 黄葛溪组（下部）海相红层

岩性为暗紫红色泥质石英细砂岩、粉砂岩夹石英粉砂质泥质岩，厚 0.8m。未见标准化石，但其上下的壳相化石与罗惹坪组、石牛栏组相似。层位应属于埃郎期上部，为浅水海相红层（林宝玉等，1984，129 页，云南大关黄葛溪剖面）。

属于该海相红层的尚有：

（1）"龙马溪组"中部海相红层。见于四川岳池溪口李子垭剖面 3 层。岩性为灰绿、黄褐色页岩，微细层纹清楚；中部夹 4～5cm 棕红色粉砂岩，下部夹 3～4 层粉砂岩、泥质粉砂岩薄层透镜体。斜层理发育，共厚 8m。4～5cm 棕红色粉砂岩属海相红层。其上第 4 层含笔石 *Spirograptus turriculatus* 带，其下第 2 层含笔石 *Demirastrites triangulatus* 带。因此，其层位应属于 *D. sedgwickii* 带，属盆地相或深水海相红层（林宝玉等，1984，102 页）。

（2）"龙马溪组"上部和顶部红层。见于湖北宣城-钟祥市一带的汉水西岸，岩性顶部为黄绿色页岩、粉砂岩，常夹紫红色页岩，含介壳相化石 *Latiproetus* sp.、*Dalmanella* sp.，*Mutationella* sp. 等，总厚 20m，其中紫红色页岩为海相红层。上部为黄绿色页岩、粉砂岩，在汉水西岸及京山石门冲一带，常夹紫红色页岩，含笔石 *Petalolithus* sp.、*Pseudoclima cograptus* sp.，厚 200～400m，其中紫红色页岩为海相红层。其下龙马溪组中部含笔石 *Demirastrites triangulates*（Hisinger）、*Demirastrites convotutus*（Hisinger）带化石。因此，该地"龙马溪组"上部及顶部海相红层可能属于 *Sedgwickii* 带。此外，在钟祥胡家集的罗惹坪组为灰黑色薄层页岩与紫红色页岩互层，厚约 50m，其中紫红色页岩为海相红层，可能仍属于 *Sedgwickii* 带（《中南地区区域地层表》，1977，111 页）。

（3）翁项群下部海相红层。见于翁项群下部 4 层。岩性为灰、蓝灰、灰绿及紫红色黏土页岩，厚约 26m。从其上下层位所含珊瑚、腕足类化石判断，其年代属埃郎期可能性大些（林宝玉等，1984，128 页，贵州凯里翁项剖面；《贵州地层典》，1996，157 页，翁项群下亚群第三段）。戎嘉余等（2012）将该红层归入溶溪组海相红层。

（4）高寨田群下部海相红层。见于高寨田群下部第 6 层，岩性为灰绿微带紫红色薄至中厚层泥灰岩，夹少许泥质页岩，厚 18m，也可能属于该期海相红层（林宝玉等，1984，136 页，贵阳乌当后所剖面）。戎嘉余（2012）将该红层归入溶溪组。

（5）雷家屯组顶部海相红层。为一层肉红色亮晶生物碎屑灰岩，厚 50cm。其上下层位均含丰富的珊瑚、腕足类、层孔虫、牙形石等化石，为浅水海相红层（贵州地层典，1996，150 页，贵州石阡雷家屯剖面）。

（6）陈夏村组下段海相红层。岩性为黄绿色细砂岩、粉砂岩及淡紫灰色页岩，石灰岩中含珊瑚、三叶虫等化石与罗惹坪组、雷家屯组相似，可能属于埃郎期，上段海相红层可能与溶溪组红层相当（《中国地层典，志留系》35 页）。

（三）兰多弗里统特列奇阶

4. 崔家沟组海相红层

岩性为紫红色或浅紫红色页岩，厚约 20m，相当于笔石 *Spirograptus turriculatus* 带，时代为特列奇期早期（金淳泰等，1992，36～37 页，广元朝天和上寺磨刀垭一带；赖才根等，1986，41 页）。戎嘉余等（2012）认为 *S. turriculatus* 笔石属较深水环境的笔石群。因此，该海相红层可能属半深水沉积。

属于该海相红层的可能有张湾组上部海相红层，见于河南淅川张湾组剖面第 12 层。岩性为紫红色含砾泥岩，产三叶虫 *Latiproetus* sp.等，厚 0.54m，其上覆 13 层含大量罗惹坪组常见三叶虫化石，其下 9 层含笔石 *Monograptus sedgwickii* 带化石。其时代可能属于 *turriculatus* 带的下部（《河南省岩石地层》231 页，河南淅川张湾乡后凹；汪啸风等，1986，41 页）。汪啸风等认为，可能仍属于 *sedgwickii* 带，可能是半深水-深水海相红层。

5. 王家湾组海相红层

岩性为黄绿、紫红色泥岩、粉砂质泥岩和砂岩。含笔石 *Monograptus*

drepanoformis，牙形石 *Spathognathodus parahassi*、*S. quizhouensis*，腕足类 *Nucleospira*、*Striispirifer*、*Nalivkinia*、*Eospirifer* 等。厚 343.7m，其中含 4 层红层（厚度由下而上为 76.7m、1.5m、75m 和 34.7m），共厚 208.6m，时代可能相当于笔石 *crispus* 带（陈旭等，1991，13 页，陕西宁强王家湾）。

属于上述崔家沟组和王家湾组海相红层可能有：

（1）溶溪组海相红层。命名剖面溶溪组海相红层由两组海相红层组成。上组海相红层（34～39 层），岩性紫红、暗紫红色页岩、泥质粉砂岩，夹黄绿色页岩夹砂质页岩，厚 111.4m。含腕足类 *Nalivkinia* cf. *elongata*（Wang）、*Nucleospira calypta*（Rong et Yang）、*Striispirifer*，三叶虫 *Luojiashania divegens* Chang 等。下组海相红层为紫红色及黄绿色粉砂质页岩，厚 50.6m，顶部产笔石 *Hunanodendron typicum* Mu et al.。两组红层之间尚有 96.3m 为非海相红层。推测下组海相红层相当于崔家沟组海相红层，上组海相红层相当于王家湾组海相红层（葛治州等，1979，209～210 页，四川秀山溶溪剖面）。贵州石阡雷家屯剖面也能识别出这两套红层（葛治州等，1979，212 页）。

（2）韩家店组下部海相红层。在贵州桐梓韩家店剖面（葛治州等，1979，215 页），也大致能识别出两层海相红层。下层海相红层见于该剖面的 18 层，黄绿色页岩夹极少量深红色页岩，厚 80.90m。上层海相红层见于该剖面 19 层，岩性为紫红色页岩，厚 8.5m，下层红层可能相当于崔家沟组海相红层，上层可能相当于王家湾组海相红层。说明溶溪组上、下两组海相红层往西迅速变薄。

（3）嘶风崖组海相红层。在云南大关黄葛溪剖面上嘶风崖组海相红层总厚 49m，也大致可分出下部和上部两层海相红层。下层海相红层岩性为暗紫色钙质泥质页岩，厚 20m；上层海相红层为紫红色钙质页岩，中-厚层生物灰岩和灰绿色粉砂质页岩，厚 14m。两层之间有 15m 非海相红层，也大致可分别与崔家沟组和王家湾组或溶溪组的上下两层海相红层对比（林宝玉等，1984，128 页）。

（4）长岩子海相红层。见于天全县新沟长岩子组，厚 109.1m，岩性为灰绿、灰紫、紫色泥岩、石灰岩（金淳泰等，1989，30 页）。

（5）白云庵组底部海相红层。在四川岳池口李子垭剖面。白云庵组底部第 5 层（林宝玉等，1984，102 页）。岩性为灰绿色页岩夹棕红色粉砂岩薄层，厚 18m，由于其下龙马溪组顶部含 *Spirograptus turriculatus* 带。因此，该红层可能与王家湾组海相红层相当。

在长江中下游，相当于该海相红层的有坟头组底部海相红层（湖北蒲圻-崇阳），清水组红层（江西修水）、河沥溪组红层（安徽贵池）、陈夏村组上部海相红层（安徽含山），侯家塘组红层（江苏），后者还含笔石 *Hunanodendrom typicum* 等。说明它相当于溶溪组下部海相红层。

6. 杨坡湾组海相红层

该红层见于陕西宁强县杨坡湾的杨坡湾组顶部 21 层。岩性为绿灰色与红紫色页岩互层，厚约 100.7m。含三叶虫 *Coronocephalus*（*Coronaspis*）sp.，腕足类 *Salopinella minuta*，几丁虫 *Angochitina longicollis* 等化石。杨坡湾组中下部还含牙形石 *Pterospathodus celloni*、*P. pennatus*、*Aspidognathus tuberculatus* 等。时代相当于笔石 *griestoniensis* 带（陈旭等，1991，11～13 页）。

7. 宁强组海相红层

根据金淳泰等（1992）的报道，四川广元宣河的宁强组可划分为上、中、下三部，三部分均含海相红层。现分别叙述如下（金淳泰等，1992，6～11 页，23 页，33 页）：

7a.宁强组下部海相红层。见于宁强组下部的中下部。下部为紫红、灰色角砾状内碎屑生物泥质灰岩，含丰富的牙形石、珊瑚、腕足类等化石，厚 44m；上部为紫、黄紫色泥岩夹泥页岩，含丰富的珊瑚、腕足类、牙形石、三叶虫等化石，厚约 92m。金淳泰等（1992）认为其时代为笔石 *M. griestoniensis* 带的上部及牙形石 *Spathognathodus celloni* 带的下部。

7b.宁强组中部海相红层。见于宁强组中部的底部。岩性为暗紫色局部夹黄色泥岩，含三叶虫、腕足类等化石，厚 84m。由于该红层之上含极丰富的珊瑚、头足类、三叶虫、牙形石、笔石等化石，其中笔石有 *Oktavites spiralis-S. grandis* 带，牙形石 *Spathognathodus celloni* 带等。金淳泰等将其置于 *Spiralis-grandis* 笔石带。

7c.宁强组上部海相红层。见于宁强组上部的中下部。岩性为灰紫、黄色泥岩，厚约 143m，含丰富的珊瑚、牙形石、腕足类、三叶虫等化石。大多数化石均为宁强组中部的上延分子，但未见 *Spiralis-grandis* 带的笔石和牙形石 *S. celloni* 带等，而出现 *Cyrtograptus* 属，厚 187m。金淳泰等将其置于 *S. amorphognathoides* 带，定其时代为文洛克世早期。

应当提及的是，陈旭、戎嘉余等（1991）发表了广元宣河镇东温家沟-付家沟白云湾志留系剖面，共分 53 层，并命名为神宣驿段。含义与宁强组原义相同。文中提到"神宣驿段实际上沿用了俞昌明等原来的宁强组含义，只是充实了生物岩礁以上的 5 层碳酸盐岩及海相红层等地层"（15 页）。金淳泰等（1992）曾多次观察该剖面并进行实测工作，认为陈旭等划分的 53 层实际是一个背斜和一个向斜组成的，而且是倒转的重复层序，而不是一个单斜地层剖面。金淳泰等（1992）的宁强组仅是陈旭等测制剖面的浅溪河-尖包的一段地层（相当于陈旭等的 11～29 层），厚约 800m，而不是 1～53 层的 1783m。海相红层不是 5 层，而仅是 3 层。本书的宁强组海相红层的层序是采用金淳泰等（1992）发表的含义。其原因如下：

①尹赞勋（1949）认为宁强广元地区"地层变动强烈，为葛利普采用的李希霍芬的剖面，应当重新研究"（陈旭等，1991，3页）。金淳泰等（1992）的观察证实了这个论点，而陈旭等（1991）则认为该剖面是一个单斜，几乎没有褶皱和断层，这与龙门山断裂带的区域构造总特征不相符。②地层厚度大得惊人。陕西宁强二朗坝一带构造相对简单（离龙门山断裂远一些），宁强组和杨坡湾组共厚仅有440m（李耀西等，1975）。俞昌明等（1974）报道宁强组大竹坝命名剖面厚133m，宁强杨坡湾组命名剖面厚423m，共厚556m，而陈旭等（1992）的宁强组（神宣驿段）1783m，杨坡湾组（段）1232m，共厚3015m。是李耀西等（1975）二朗坝剖面宁强群（宁强组和杨坡湾组）厚度的7倍，是俞昌明等（1974）宁强组、杨坡湾组厚度的4.5倍。③作者于1960年夏曾对宁强县二朗坝乡、水田坪乡、宁强城东玉石滩-校场村一带进行过实地考察和化石采集工作。前两个地点志留系地层剖面层序连续，与上覆中二叠统梁山层，下伏奥陶纪宝塔灰岩平行不整合接触，构造简单。李耀西等（1975）测量的宁强群厚度可信度大些。而宁强城一带志留系剖面不连续，掩覆较多，构造要复杂一些。陈旭等（1991）测制的宁强玉石滩-石嘴子沟志留系剖面也有多次掩覆，几乎没有断裂和褶皱，所以他们的杨坡湾组厚度（1232m）也比俞昌明等测制的杨坡湾组的厚度（423m）大3倍。根据上述理由，作者暂将宁强组的海相红层作为3层处理，而不是陈旭等（1991）的5层海相红层。宁强组含义和厚度暂采用金淳泰等（1992）的资料。

宁强组7a、7b两层海相红层的时代归于兰多弗里世晚期似无疑问。陈旭等（1991）认为：宁强组神宣驿段（即本书的宁强组）是"兰多维列世最末期的碳酸盐岩和海相红层（15页）"。陈旭等（1996）又认为"神宣驿段全部都是兰多维列世特列奇晚期的地层（6页）"，但在对比表中（88页）则把神宣驿段的顶界置于文洛克世的早期。戎嘉余等（2017）则认为神宣驿段的顶界仅达特列奇阶的中部。本书作者认为宁强组的顶界与秀山组的顶界相当或略高。1992年，金淳泰等将宁强组海相红层置于文洛克世早期。

由于宁强组上部所含笔石 *Cyrtograptus* sp.，腕足类 *Xinanospinfer* sp.，珊瑚 *Stelliporella illa*、*Falsicatenipora dazhubaensis* 等在西秦岭舟曲小梁沟组与笔石 *Cyrtograptus insectus* 带共生。本书作者认为宁强组上部7c海相红层可能已属于 *Cyrtosraptus insectus* 带。

（四）文洛克统

8. 回星哨组下段海相红层

岩性为暗紫红色含泥质、铁质石英粉砂岩与灰绿色粉砂岩互层。底部夹厚约3m的灰绿色页岩，产双壳类 *Modiomorpha crypta*（Grabau）、*Praecardium* cf. *ovatium*

Liu；腕足类 *Turbocheitus*、*Discordichilus* 等，厚 84.5m（葛治州等，1979，208 页，四川秀山溶溪），属于浅水滨岸或泻湖相沉积，时代为兰多弗里世晚期—文洛克世早期。

属于该海相红层的有：

（1）菜地湾组下段海相红层。暗紫红色页岩、泥岩，底部含三叶虫 *Coronocephalus changningensis* Chang，腕足类 *Striispirifer shiqianensis* Rong et Yang，双壳类 *Modiolopsis miaokaoensis* Grabau 等，厚92m（林宝玉等，1984，127 页）。

（2）贵州赫章"菜地湾组"（狗飞寨组？）下部海相红层。岩性为紫红色砂质页岩夹浅灰色中层细粒石夹砂岩，厚度大于109m，未见化石（西南地区区域地层表，贵州省分册，1977，519～520 页；黄冰等，2011，31 页）。

王立亭（1976）、贵州省地层表编写组（1977）根据地层层序，分别将上部绿色层和下部红层与秀山组下部和溶溪组进行对比。金淳泰（1982）则分别与妙高组下部和关底组红层对比。黄冰等（2011）将其与关底组（广义的，包括其下岳家山组）对比，属于拉德洛世晚期，很明显这是欠妥的。因为，广义的关底组红层在上，绿色层（岳家山组）在下，红层中含有丰富的化石，与贵州赫章菜地湾红层层序相反（颠倒），而与近在 30km 的菜地湾组层序一致，且上段下部和下段红层中化石稀少，不仅与菜地湾组完全一致，也与回星哨组上下段层序相同。作者认为，赫章地区的"菜地湾组"下段属文洛克世，上段上部可与岳家山组下部对比。

（3）岩子坪组一段海相红层。岩性为紫、紫红色泥岩夹黄绿色泥岩、粉砂岩，厚91m，未见任何化石（金淳泰等，1989，9～10 页）。

（4）小溪峪组下段海相红层。岩性为紫红、灰绿色深-中层泥岩、泥质粉砂岩，厚22.82m，含几丁虫 *Angochitina longicollis*、*Eisenackitina* sp.，腕足类 *Salopinella minuta*、*Nalivkinia elongata*、*Striispirifer*，三叶虫 *Coronocephalus rex* 等（王怿等，2010，116 页）。

（5）金台观组下部海相红层（5～7 层），岩性为紫、黄色含粉砂质泥岩，有时组成韵律层，含小型波痕及虫迹，厚91m。金淳泰等（1997）在此层中曾找到腕足类 *Retziella uniplicata* 等（金淳泰等，1992，15 页）。

（6）上高寨田群上部海相红层。岩性为紫红、灰绿色泥岩、页岩、夹少量薄层砂岩，含 *Eospirifer* sp.，厚43m（林宝玉等，1984，135 页，贵阳市乌当后所剖面，26 层）。

（7）翁项群上亚群上段下部（43 层）海相红层。岩性为灰绿、紫红色薄层粉砂质黏土岩，中下部粉砂质黏土岩中含双壳类 *Sputhella* sp.、*Ctenodonta* sp.、*Modiomorpha calypta* 等，厚32.7m（贵州地层典，1996，155 页）。

（8）湖北蒲圻（赤壁市）坟头组顶部海相红层。岩性为浅黄-红棕色泥质粉砂岩，厚11.5m。该红层下伏地层中含大量三叶虫、腕足类等化石：*Coronocephalus rex*、*Salopinella minuta* 等。另据耿良玉等（1999）报道，在同一露头区东端（相距 65km）的崇阳田心屋坟头组离顶 21m 处，产出文洛克世申伍德期早期的几丁虫化石 *Conochitina pauca* Tsegelnjuk，*Angochitina longicollis* Eisenack 等，属 *vysbyensis-pauca* 带，在该带之上的坟头组顶部与茅山组之间，采获几丁虫 *Angochitina longicollis* Eisenack、*Grahnichitina solida*（Tsegelnjuk）等，属 *G. solida* 带。上述两带均属文洛克世早期的申伍德期晚期。因此，该露头区西部坟头组顶部海相红层属于文洛克世早期似无疑问。这也可以说明，武汉以西小溪峪组下段、回星哨组下段及其层位相当的海相红层层位主要是文洛克世早期。

（9）红岩子组海相红层。岩性为紫、暗紫色为主夹有绿、黄绿色厚层含粉砂质泥岩，产少量双壳类等化石，厚 35.4m（金淳泰等，1989，19 页），其下伏兴隆组含秀山组牙形石 *Ozarkodina guizhouensis* 等化石，说明二郎山南部红岩子组海相红层与二郎山东部岩子坪组第一段海相红层层位相当。

9. 回星哨组上段海相红层

岩性为灰绿色至黄绿色薄层泥质石英粉砂岩。常杂以紫红色、向上逐渐消失，厚 79m，未见化石。与下段红层之间有 28.5m 非红色层隔开（葛治州等，1979，208 页）。潘江等（1986）首次报导在重庆秀山一带相当层位中采获鱼类"*Wangolepsis sinensis*"等，与岳家山组进行对比，置于文洛克世。王怿等（2011）在红层上段绿色层中，采集到植物碎片化石，认为其时代为拉德洛世—普里多利世，属于文洛克世或更高层位有待确定。

属于该海相红层的还有：

（1）菜地湾组上段海相红层。岩性为灰白、灰绿、青灰色厚层砂质白云岩，夹紫红色泥质石英白云质粉砂岩，厚 14m，未见化石。紫红色泥质石英白云质粉砂岩为海相红层（林宝玉等，1984，127 页）。

（2）贵州赫章"菜地湾组"（或狗飞寨组）上段海相红层。岩性为灰绿色、黄绿色砂质页岩，夹少量浅灰色薄至中厚层细粒含泥质石英砂岩，顶部及下部各夹一层紫色砂质泥岩（共厚 13m），产双壳类 *Orthodonta* cf. *perlata*，*Praecardium* sp.，总厚 56.1m。由于其上部 9 层离顶 20m 处采获滇东岳家山组的 *Retziella-Nikiforovaena* 动物群。黄冰等（2011）认为其时代为拉德洛世晚期。根据其层序及与邻区对比，本书将其时代置于文洛克世晚期（西南区区域地层表，贵州省分册，519～520 页）

（3）岩子坪组第二段海相红层。岩性为深灰色厚微晶白云岩，偶夹紫色、绿色泥岩层，含腕足类 *Retziella uniplicata*，*R. minor* 等，厚 30m。紫色泥岩层为海相红层（金淳泰等，1989，8 页）。陈旭等（1996）将其置于兰多弗里世特列奇期晚期。戎嘉余等（2003）改置于拉德洛世晚期。

（4）岳家山组下部海相红层。岩性为灰绿色、紫红色页岩夹少许砂岩薄层，厚 12m，其上下层位均含腕足类 *Nikiforovaena-Retziella* 动物群。潘江等（1986）在相当的层位中采获 "*Wangolepsis sinensis*" 等，该鱼形化石也见于重庆秀山回星哨组上段和湘西小溪峪组上段，说明其层位相当（林宝玉等，1984，109 页）。Zhao 和 Zhu（2015）发表的鱼形资料也证明回星哨组上段、小溪峪组上段与滇东岳家山组下部层位相当。耿良玉等（1997）也认为它们可以对比，但将其置于拉德洛世早期，而陈旭、戎嘉余（1996）、戎嘉余等（2012）则将其置于拉德洛世晚期。

（五）拉德洛统-普利多利统

10. 岳家山组上部海相红层

岩性为黄绿、紫红色页岩夹砂岩，含腕足类 *Retziella minor*（Hayasaka）、*Nikiforovaena* sp.，三叶虫 *Encrinuroides* sp.，珊瑚 *Entelophyllum* sp.、*Holmophyllum sinensis* Wang、*Cystiphyllum* sp.、*Squameofavosites* sp.、*Thecostegites* sp.等，厚 20m。紫红色页岩为海相红层（林宝玉等，1984，109 页，曲靖县城西南 6km 潇湘水库剖面）。王成源等（1980）报道其中含牙形石 *Ozarkodina crispa* Walliser。根据上下层位推测其年代可能为拉德洛世早期。

属于该海相红层的尚有四川二郎山岩子坪组三段顶部的一层厚 0.5m 的紫红色粉砂岩（红层）（金淳泰等，1989，8 页）。

11. 关底组海相红层

关底组海相红层可能是属于一套海相红层，但大致可细分为三组或三层海相红层（林宝玉等，1984，108 页），由下而上为：

11a.紫红色页岩夹黄绿色页岩、砂岩、泥页岩，厚 91m（13～15 层），化石稀少。

11b.紫红、黄绿色页岩夹薄层泥灰岩，厚 208m（17～18 层），含丰富的腕足类等化石：*Retziella uniplicata*（Grabau）等。

11c.岩性为紫红、灰绿色页岩、钙质页岩、石灰岩等，厚约 100m（22～24 层）。根据层序及上下伏地层的化石分布，其层位大致是拉德洛世晚期。

属于该海相红层的还有：

（1）岩子坪组 4 段海相红层。岩性为深灰色厚层含砂质、生物碎屑结晶白云岩和暗紫、灰绿色厚层铁质砂质结晶白云岩，厚 91m。其上覆地层洒水岩组含牙形石 *Ozarkodina crispa* 带，其层位与关底组红层相当（金淳泰等，1989）。

（2）金台观组上部海相红层，岩性为紫、黄绿色粉砂岩黏土岩，以紫色为主，厚 40m（金淳泰等，1992，15 页）。

（3）车家坝组海相红层。岩性为紫、黄色粉砂质泥岩、黄色薄层泥质粉砂岩和黄色粉砂质泥岩互层含腕足类 *Retziella uniplicata*（Grabau），*R. minor*（Hayasaka），

Nikiforovaena sp.，牙形石 *Ozarkodina crispa* Walliser 等。含小型波痕及虫迹化石，厚 169m（金淳泰等，1992，14～15 页）。

唐鹏等（2010）认为金淳泰等（1992）牙形石鉴定有误，应为 *O. snajdri* Walliser，年代较 *O. crispa* 带要低一个带，但仍属于拉德洛世晚期。

12. 中间檫组海相红层

在四川广元车家坝槽头沟-蒋家剖面（金淳泰等，1992，17 页）。中间檫组含两层海相红层，下层（12 层）岩性为黄绿色夹紫红色粉砂质泥岩，含腕足类 *Howelella tingi*（Grabau），*Retziella uniplicata*（Grabau）等，厚约 38m；上层（14 层）岩性为黄色夹紫红色含粉砂质泥岩，厚 16m。其上 15 层含 *Ozarkodina crispa* 等化石。唐鹏等（2010）亦认为该牙形石为 *O. snajdri* 种之误，将其归属 *O. snajdri* 带，并将其与车家坝组海相红层同属于 *snajdri* 带。而且还将其下不含上述牙形石的金台观组合并为车家坝组，理由是都含有红层，时代应相同。作者认为金台观组、车家坝组、中间檫组海相红层层位上有上下关系。特别是金台观组海相红层与宁强组的关系目前不能证明其为平行不整合接触和金台观组的时代可能为文洛克世的情况下还是保留目前的划分为好。

在江苏大丰 Nc-2 井的坟头组上部，岩性为粉砂质泥岩与红层互层，厚约 100m。其底部含拉德洛世晚期几丁虫带化石 *Grahnichitina philipi*，其顶部含普里多利世早期 *Fungochitina kosovoensis* 带。因此，该井坟头组上部海相红层应属于拉德洛世晚期—普里多利世早期（Geng *et al.*，1997）。其层位与滇东关底组海相红层层位相当。

在江苏泰州 N4-井的茅山组厚 60m，全属海相红层。在其下的坟头组上部含普里多利世早期 *Fungochitina kosovoensis* 带，因此，此井的茅山组红层应属于普里多利世晚期。但在该红层中部还见到中泥盆世的几丁虫 *Fungochitina filose*（Gollison and Scolt）（Geng *et al.*，1997）。详情有待今后的工作确定，它应是扬子地台区志留纪层位最高的海相红层。

扬子地台志留纪海相红层层位、特征、典型剖面资料来源等见表 2.2。

二、关于中国古代海相红层的分类

2005 年，Hu 等曾对白垩纪海相红层进行分类。他们对大洋红层形成的构造位置和岩性进行了讨论（表 2.3）。根据岩性特征将大洋红层划分为钙质大洋红层（陆棚外部）、钙质或硅质旋回大洋红层（斜坡上部）、泥灰质大洋红层（斜坡下部）和粘土质或硅质大洋红层（大洋）。他们所提出的大洋红层实际上是广义的大洋红层。包括本书的部分浅水、半深水和深水海相红层。

表2.2　扬子地台志留纪海相红层层序及特征简表

统	阶	红层名称	编号	岩性	厚度/m	主要化石带	同期红层	资料来源
普里多利统	卢德福德阶	茅山组	12	灰绿色、紫红色泥岩	16 / 38	*O. crispa*带	茅山组上部	耿良玉等,1999 金淳泰等,1992
		中间礁组（车家坝组：上、中、下；关底组）	11	11c紫红色、灰绿色泥岩；11b紫红色、黄绿色页岩；11a紫红色页岩	100 / 208 / 91	*O. crispa*带-*O. snajdri*带	洒水岩组下部 车家坝组	金淳泰等1989,1992 林宝玉等,1984
		岳家山组上部	10	黄绿色、紫红色页岩	20		岩子坪组4段 金台观组上部	林宝玉等,1984
罗德洛统		岳家山组下部（上段）	9	紫色粉砂岩	79		莱地湾组上段,狗爪飞寨组上段,岩子坪组顶段等	西南区域地层表 贵州分册等
		回星哨组（下段）	8	暗紫红色砂岩	84.5		莱地湾组下段,狗爪飞寨组下段,岩子坪组1段段,赤壁市坟头组上部红层	西南区域地层表 贵州分册等 湖北省地质矿产局,1976
文洛克统	特列奇阶	宁强组（上、中、下）	7	7c灰紫色泥岩；7b暗紫色泥岩；7a紫红色灰岩	143 / 84 / 92	*C. sakmaricus-insectus*带? *M. spiralis-grandis*带 *M. griestoniensis*带上部	长石子组	金淳泰等,1992
		杨坡湾组	6	黄灰、灰紫色泥岩互层	22	*M. griestoniensis*带下部	长石子组	金淳泰等,1992
兰多弗里统		王家湾组（溶溪组）	5	黄绿色、紫红色泥岩	257	*S. crispus*带?	溶溪组上部 韩家店组下部,嘶风崖组,张湾组上部	金淳泰等,1992
	埃隆阶	崔家沟组	4	紫红色或浅紫色灰岩	20	*S. turriculatus*带	黄葛溪组下部,"龙马溪组"中部,高寨田群下部,陈家村组,雷家屯组顶部	金淳泰等,1992 河南省省石地层
		黄葛溪组红层	3	暗紫红色石英砂岩	0.8	*M. sedgwickii*带	霞乡组下段上部	林宝玉等1984 贵州地层典,1996
	鲁丹阶	张家组下部	2	紫红色泥岩	5	*P. leei*带	霞乡组下段上部	河南省省石地层
		霞乡组下段下部	1	黄绿、棕红色细砂岩	63	*A. acuminatus*带	新开岭组上部	江西省省石地层

表 2.3　古代海洋及红层分类划分方案比较

作者		类型			
冯增昭等（1993）	构造位置	陆表海（陆棚）	陆缘海（斜坡）		盆地
	水深	0~20m 或 50m	50~200m		>200m
Hu等（2005）			大洋红层		
	（岩性）构造位置	钙质	钙质或硅质旋回	泥灰质	黏土质或硅质
戎嘉余等（2012）	构造位置	内陆棚	外陆棚		大洋
	水深	浅水（中国南方志留纪及三叠纪红层）	较深水（中国南方早—中奥陶世红层）		深水（西藏南部晚白垩世红层）
本书	构造位置	陆表海（陆棚）	陆缘海（斜坡）		大洋（盆地，海槽）或陆棚海凹陷盆地
	水深	浅水红层 0~20m 或 50m	半深水红层 50~200m		深水红层 >200m

　　2012 年，戎嘉余等亦对海相红层进行分类；划分为浅水（内陆棚）、较深水（外陆棚）和深水（大洋）红层。浅水海相红层的例子是中国南方的志留纪和三叠纪海相红层；较深水海相红层的例子是中国南方早—中奥陶世红层；深水海相红层的例子是西藏南部晚白垩世大洋红层。

　　虽然古代海域的情况与现代海域大致相似，但可能还是有一些差别，如古代陆表海分布非常广泛，但在现代就很难找到；又如广布于奥陶纪—志留纪的黑色笔石页岩相的黑色页岩也很少见到。因此，本书以冯增昭等（1993）的海洋分类为基础，将古代海洋及海相红层的分类如表 2.4 所示，分为浅水、半深水和深水海相红层。其中海水的深度也采用冯增昭等的分类。扬子地台志留纪海相红层形成的水深分类见表 2.4。

　　这里还需要提及的是晚奥陶世—兰多弗里世早期的五峰组和龙马溪组黑色笔石页岩是浅水闭塞盆地沉积还是深水-半深水盆地沉积的问题，还是两者均有。根据安徽省岩石地层（2008）的意见，安徽黄山市一带霞乡组下部属深水陆架盆地相沉积，局部还见浊流沉积（153~154 页）。根据江西省岩石地层（2008）的报道，江西省武宁县新开岭组上部（原梨树窝组下部）黑色笔石页岩可能属陆架斜坡相（157 页）；另外，根据 Guo 等（2011）对重庆东南兰多弗里世黑色笔石页岩

表2.4　扬子地台志留纪海相红层形成水深分类

水深　　类型		代表类型	代表剖面	特征	可能属该类的红层
浅水 (0~20m 或 50m)	近岸	回星哨组红层	重庆秀山	1. 碎屑粗 2. 厚度大 3. 虫迹、波痕发育 4. 化石稀少 5. 鱼类化石发育	溶溪组红层、清水组红层、侯家塘组红层、岩子坪红层、岩子坪组下上红层、金台观组红层、车家坝组红层、关底组红层
	远岸	宁强组红层	陕南宁强	1. 厚度大 2. 底栖生物发育 3. 泥岩、灰岩为主	
半深水 (50~200m)		张湾组上部红层	河南淅川	1. 碎屑细、泥岩、页岩 2. 厚度小 3. 浮游生物为主	
深水 (>200m)		张湾组下部红层		1. 厚度小 2. 含大量笔石或浮游生物 3. 几乎无壳相化石 4. 粘土质岩石为主（或硅质岩）	霞乡组下段下部红层、新开岭组上部红层（或梨树窝组下部红层）、霞乡组下段上部红层、龙马溪组红层（四川岳池）

的研究，确认龙马溪组黑色笔石页岩含有浊流和漂浮物的沉积，应是原生的深水沉积。根据上述认识，本书暂将龙马溪组的黑色笔石页岩置于深水沉积的范畴，很可能在五峰-龙马溪期，康滇古陆以东，华夏-江南古陆的北侧有一个东西长达数百公里的凹槽（前陆盆地？），沉积了深水相或至少是半深水相的黑色笔石页岩，因此，夹于黑色笔石页岩之中的海相红层也应属于深水海相红层，但不排除有部分黑色笔石页岩是浅水形成的。

三、扬子地台志留纪海相红层与国外对比

志留纪海相红层不仅见于扬子地台区，而在国外也能寻找到其踪迹。有些海相红层甚至是全球性的，如特列奇期早期和特列奇期晚期—文洛克世早期的海相红层。现简要对比如下（表 2.5）。

1. 与爱沙尼亚及拉脱维亚志留纪海相红层的对比

根据 Ziegler 和 Mckerrew（1975）的报道，在该区的 Juuru stage（Rhuddanian 期）的底部见有海相红层，时代可能相当于笔石 *acuminatus* 带，为远岸静水沉积，层位与扬子地台霞乡组下段下部海相红层层位相当，沉积环境类似，属鲁丹期早期海相红层。

在该区的 Adavere stage 的 Rumba 组至 Velise 组下部亦含海相红层，含有 *Clorinda* 群落，时代相当于笔石的 *M. turriculatus* 带，该红层时代与崔家沟组红层或溶溪组红层下部相当。

2. 与爱尔兰志留纪海相红层的对比

根据 Aldridge 等（2002）的报道，在爱尔兰地区，兰多弗里统见两层海相红层，全属于特列奇阶。

下红层见于特列奇阶下部的 Lough Mask 组，岩性为粗粒红色砂岩，属浅水海相红层，层位大致相当于崔家沟组红层或溶溪组红层下部。

上红层见于 Tonalee Member（Kilbride Formation 上部），岩性为浅紫、红色泥岩，可能属半深水 *Clorinda* 群落，层位相当于 *crenulata* 笔石带，与宁强组上部红层或回星哨组下部红层相当。

3. 与英国英格兰北部和苏格兰南部志留纪海相红层的对比

英国苏格兰南部和英格兰北部志留纪海相红层相当发育。主要见于兰多弗里世和文洛克世（Ziegler and Mckerrow，1975；Aldridge *et al.*，2002）。

表 2.5　扬子地台志留系海相红层与国外对比简表

地区 层位	扬子地台红层名称	编号	爱沙尼亚 拉脱维亚 Ziegler et al., 1975	爱尔兰 Aldridge et al., 2002	英国 Aldridge et al., 2002; Palmer et al., 2000	澳大利亚 Pickett, 1982	北美东部 Mclaughlin, 2009; Ziegler et al., 1975
普里多利世	茅山组	12					
拉德洛世	关底组 上/中/下　车家坝组	11				?	
文洛克世	回星哨组（莱地湾组）上部　岳家山组 下部	10					
文洛克世	回星哨组（莱地湾组）上部	9					
文洛克世	回星哨组（莱地湾组）下部	8					
兰多弗里世 特列奇阶	宁强组 上/中/下	7					
兰多弗里世	杨坡湾组	6					
兰多弗里世	王家湾组　溶溪组	5					
兰多弗里世 埃朗阶	崔家沟组	4					
兰多弗里世	黄葛溪组下部	3					
兰多弗里世 鲁丹阶	张湾组下部	2					
晚奥陶世	霞乡组下段下部　石燕河组　五峰组	1					

■　红层层位

第 1 层，最老的海相红层见于苏格兰南部的 Southern Uplands 的 Birkhill Shales 的下部，位于笔石 *gregarius* 带之上，层位相当与埃郎阶中部。扬子地台尚未见到该带红层。

第 2 层，见于 Birkhill Shales 的中部，含笔石 *sedgwickii* 带化石，时代为埃郎期晚期，其层位可与扬子地台黄葛溪组红层、龙马溪组上部海相红层（四川岳池）相当。

第 3 层，见于 Birkhill Shales 上部，含笔石 *maximus* 带或 Girvan 地区的 Penkill Formation，含 *turriculatus* 带。该红层层位相当于张湾组上部海相红层，崔家沟组红层或溶溪组红层下部。

第 4 层，见于 Gala Group 上部，含 *Monograptus crispus* 笔石带，其层位可与王家湾组海相红层或溶溪组红层上部相当。

第 5 层，海相红层见于 Girvan 地区的 Lonchlan Formation 和 Drumyork Flogs 组中，相当于 *griestoniensis* 带，其层位与杨坡湾组红层和宁强组底部红层层位相当。

第 6 层，海相红层见于 Gala Group 顶部的 Stobs Castle Beds，该层含笔石 *Cyrtograptus murchisoni* 带（Ziegler et al.，1975），Howgill Fells 的 Browgill Beds 的 Red beds，其上为含笔石 *centrifugus* 带，其下为含笔石 *griestoniensis* 带地层。因此，其层位可能属于 *crenulata-centrifugus* 笔石带的下部。因此，该红层的时代应为 Telychian 晚期—文洛克世早期，与扬子地台回星哨组下段红层层位相当。

第 7 层，海相红层见于 Pentland Hill 地区的 Henshaw Formation 的下红砂岩层（Lower Red Sandstone，210m）（Palmer et al.，2000），相当于笔石 *murchisoni-riccartoniensis* 带，可能与扬子地台回星哨组下段红层上部相当。

第 8 层，海相红层见于 Henshaw Formation 的中红砂岩层（Middle Red Sandstone，55m），属 *lundgreni* 带。

第 9 层，海相红层见于 Henshaw Formation 的顶部上红砂岩段（Upper Red Sandstone，90m），相当于 *ludensis* 带。上述两层红层（8，9）可能与岳家山组下部红层或回星哨组上段红层层位相当。

4. 与澳大利亚新南威尔士州志留纪海相红层的对比

根据 Pickett（1982）的报道，澳大利亚新南威尔士州志留纪海相红层大致如下：

在新南威尔士州 Molong 地区的 Bridge Creek Limestone 段，下部为安山质砾岩与红色砂岩，中部为灰岩，上部为页岩，含笔石 *Monograptus gregarius*，时代为埃朗期早期。该段地层不整合于奥陶纪地层之上。因此，该红层的时代应属于鲁丹期晚期，层位与张湾组下部海相红层层位相当。

在新南威尔士州的 Cowra-Yass 地区的 Yullundary Formation 亦为海相红层，其上部含紫色砂岩，产珊瑚等化石。时代为兰多弗里世晚期-文洛克世早期。层位与回星哨组下部红层层位相当。

另据 Jell 和 Talent（1989）的报道（耿良玉等，1999），在新南威尔士州中部的志留纪 Chaucer member 为海相红层，其上含笔石 *centrifugus* 带，其下含笔石 *griestoniensis* 带，该红层上覆、下伏所含笔石带与英国苏格兰南部的 "Red beds" 极其相似。时代可能为兰多弗里世—文洛克世早期，与扬子地台的回星哨组下段红层及其相当红层层位相当。

在新南威尔士州的 Molong 地区的 Avoca valley shale 亦为海相红层，时代可能属文洛克世，含笔石 *Monograptus* cf. *dubius* Suess，层位与回星哨组上部的红层层位相当。

在该区文洛克世—拉德洛世的 Barnby Hill Shale[①]，含 *Cyrtograptus ludensis-Monograptus bohemicus* 带，亦为海相红层，其层位与岳家山组、关底组或车家坝组海相红层层位相当。

位于该区志留纪最晚期地层为 Wallace Shale[①]亦为海相红层,含笔石 *Monograptus transgrediens*，*M.* cf. *ultimus* 等。时代为普利多利世。该红层层位可能与中间楼组或茅山组海相红层层位相当。

5. 与北美东部志留纪海相红层的对比

根据 Mclaughlin（2009）的报道，北美阿伯拉契盆地等地的晚奥陶世—兰多弗里世海相红层可识别出 4 个层位。

第一层海相红层为 Late Richmondian 期，其层位相当于扬子地台河南淅川晚奥陶世石燕河组海相红层，在扬子地台安徽含山县山凹丁剖面的五峰组也见到该海相红层的存在（安徽省地质区域测量大队，1978），在华北地台西缘的背锅山组也识别出该海相红层（武振杰等，2015）。

第二层海相红层为 Late Rhuddanian 期，其层位相当于扬子地台张湾组下部海相红层（含笔石 *leei* 带）层位相当。

第三层海相红层为 Early Telychian 期，其层位与崔家沟组红层或溶溪组及其相当红层层位下部相当。

第四层海相红层为 Late Telychian 期，其层位与宁强组上部红层或回星哨组下段红层部分相当。

另外，根据 Ziegler 和 Mckerrow（1975）的报道，在美国缅因州东北和相邻的新布伦斯威克（Brunswik）的 Smyrna Mills Formation，含多层海相红层，时代为早兰多弗里世—早拉德洛世，确切层位有待进一步查证。

在纽约州的 Beak Creek Shale 和 Lower Sodus Formation 亦为海相红层，含

---

① 澳大利亚部分地质工作者认为，该两组地层部分层位相当。

Eocoelia hemisphaerica 和 *E. intermedia* 等，说明其年代为埃郎期，红层层位与黄葛溪组红层层位相当。往南，在宾夕法尼亚和马里兰州该红层可延续到晚特列奇期，推测可达文洛克世早期。

四、结论

根据对扬子地台志留纪海相红层的系统研究，可以得出如下的认识：

（1）首次系统建立起扬子地台志留纪海相红层的层序，分别识别出 4 统 12 层（套）海相红层。

（2）首次确认出兰多弗里统鲁丹期 2 层（霞乡组下段、张湾组下部）和埃郎期 1 层（黄葛溪组上部、雷家屯组）海相红层及其相当层位的红层。

（3）初步确认有 2 层海相红层（回星哨组下段或坟头组顶部，回星哨组上段）及其相当层位的海相红层可能属于文洛克统。

（4）根据岩性特征，扬子地台海相红层有紫红色砂岩、页岩、泥岩和石灰岩。

（5）扬子地台除前人提及的极浅水（近岸）海相红层外，首次确认有半深水和深水海相红层的存在，主要见于鲁丹期和埃郎期，如张湾组下部海相红层为笔石页岩相。笔石亦呈红色，且发育水平层理，属台地边缘相沉积，又如张湾组上部海相红层，为含壳相化石的紫红色含砾泥岩，该红层及其上下地层均含浮游型三叶虫等化石，未见底栖壳相化石，说明其仍属半深水的盆地边缘相沉积。

（6）浅水海相红层厚度一般都较大，多由粗碎屑物质组成，部分为紫红色页岩，而深水海相红层厚度较薄，多由细粒物质如紫红色粉砂岩、泥岩、页岩等组成。

（7）海相红层除受到区域性的海洋氧化事件影响外，大多数可能与全球性的海洋氧化事件有关，如鲁丹期晚期（张湾组下部红层）、特列奇期早期（崔家沟组、王家湾组红层或溶溪组红层）、特列奇期晚期—文洛克世早期（宁强组上部、金台观组下部、回星哨组下段海相红层）的海相红层也见于美国东部阿伯拉迁盆地和辛辛那提背斜（Mclaughlin，2009）。特列奇期早期和特列奇期晚期—文洛克世早期两层海相红层不仅见于北美，而且也见于澳大利亚、英国苏格兰、爱尔兰等地。说明它们的分布是受到全球性海洋氧化事件的影响，具有重要的地层对比意义。

（8）扬子地台海相红层除受到全球性的海洋事件的影响外，也受到区域性的古地理、古构造的控制，如埃郎期海相红层，在康滇古陆东侧埃郎期的黄葛溪组红层为浅水相红层，而往东，远离康滇古陆的四川岳池同期的"龙马溪组上部"海相红层则为深水相的海相红层，既受控于离古陆的远近，也受控于海域海水的深度，因而形成海相红层在横向的相变。

（9）扬子地台志留纪海相红层在不同地区不仅存在横向的相的变化，而在同一剖面的不同时期的海相红层也存在着纵向的变化，这与区域性的垂直升降的构造活动有紧密的联系，如河南淅川张湾组下部海相红层（鲁丹期晚期），为笔石相的深水海相红层，而张湾组上部（埃郎期晚期或特列奇期早期）红层则为漂浮型介壳相的半深水海相红层，也就是说张湾组在沉积时期由深水变为半深水，由下而上海水变浅，因而形成两层时代不同而沉积环境亦不相同的海相红层，说明张湾组所在的武当块体在此时期一直处于上升阶段，这可能与扬子块体向北漂移有关。

另外，在江西省武宁县-修水地区的原梨树窝组底部（或新开岭组顶部）为深水海相红层（鲁丹期），而其上的清水组海相红层（特列奇期早期）则为浅水海相红层，在相邻的安徽宁国一带亦有相似的情况，如鲁丹期霞乡组下段下部、下段上部红层均为深水相红层，而其上特列奇期早期的河沥溪组红层则为浅水相红层，这可能与华夏古陆不断向北扩展与挤压有关。

因此，扬子地台志留纪海相红层的横向变化（相变）与其所处的海域有密切的联系，而志留纪海相红层的纵向变化除与其所处的地域有关外，还与该区构造活动有紧密的联系。

（10）就目前扬子地台海相红层的分布而言，"海相红层广布事件"不仅见于特列奇期早期（戎嘉余等，2017），而且也见于特列奇期晚期—文洛克早期（回星哨组下段及其相当层位红层）和拉德洛世晚期—普里多利世早期（关底组及其相当层位红层）。也就是说，扬子地台在志留纪时期，至少有三次海相红层广布事件，这三次海相红层广布事件在全球一些地区均能寻觅到其踪迹（表 2.5）。

总而言之，本书对扬子地台志留系海相红层特征和层序等的研究还是初步的，有待今后进一步补充和修订。另外，陕西紫阳志留纪仙中沟组顶部 *Cyrtograptus murchisoni* 带之上瓦房店组海相红层的发现（付力浦等，1986）具有重要意义。它的层位可能相当于扬子地台本部回星哨组下部海相红层，对于回星哨组海相红层时代的确定具有一定的参考价值。

参 考 文 献

安徽省地质矿产局. 1987. 安徽省区域地质志，中华人民共和国地质矿产部地质专报，一. 区域地质，第 5 号. 北京：地质出版社

安徽省地质矿产厅. 2008. 安徽省岩石地层. 武汉：中国地质大学出版社

陈旭，戎嘉余等. 1996. 中国扬子区兰多维列统特列奇阶及其与英国的对比. 北京. 科学出版社. 1～162

葛治洲，戎嘉余，杨学长等. 1979. 西南地区的志留系. 见：中国科学院南京地质古生物所主编.

西南地区碳酸盐岩生物地层. 北京：科学出版社. 155～220

耿良玉，王玥，张允白，蔡习尧，钱泽书，丁连生，王根贤，刘春莲. 1999. 扬子区后 Llandovery 世（志留纪）胞石的发现及其意义. 微体古生物学报，16（2）：111～151

贵州省地矿局区调院. 1996. 贵州地层典. 贵阳. 贵州科技出版社

贵州省地质矿产局. 1987. 贵州省区域地质志，中华人民共和国地质矿产部地质专报，一. 区域地质，第 1 号. 北京：地质出版社

贵州省地质矿产局. 1997. 贵州省岩石地层. 武汉：中国地质大学出版社

河南省地质矿产局. 1989. 河南省区域地质志，中华人民共和国地质矿产部地质专报，一. 区域地质，第 17 号. 北京：地质出版社

河南省地质矿产厅. 2008. 河南省岩石地层. 武汉：中国地质大学出版社

胡修棉. 2013. 显生宙海相红层的分布、类型与成因机制. 矿物岩石地球化学通报，32（3）：335～342

胡修棉，王成善. 2007. 白垩纪大洋红层特征、分布与成因. 高校地质学报，13（1）：1～13

胡修棉，王成善，李锌辉，Jansa L. 2006. 藏南上白垩纪大洋红层：岩石类型、沉积环境与颜色成因. 中国科学（D辑）：地球科学，36（9）：811～821

湖北省地质矿产局. 1990. 湖北省区域地质志，中华人民共和国地质矿产部地质专报. 一. 区域地质，第 20 号. 北京：地质出版社

湖北省地质矿产局. 1996. 湖北省岩石地层. 武汉：中国地质大学出版社

湖南省地质矿产局. 1988. 湖南省区域地质志，中华人民共和国地质矿产部地质专报，一. 区域地质，第 8 号. 北京：地质出版社.

湖南省地质矿产局. 1997. 湖南省岩石地层. 武汉：中国地质大学出版社

黄冰，戎嘉余，王怿. 2011. 黔西赫章志留纪晚期小莱采贝动物群的发现及其地理意义. 古地理学报，13（1）：30～36

江苏省地质矿产局. 1984. 江苏省及上海市区域地质志，中华人民共和国地质矿产部地质专报，一. 区域地质，第 1 号. 北京：地质出版社

江苏省地质矿产局. 1997. 江苏省岩石地层. 武汉：中国地质大学出版社

江西省地质矿产局. 1984. 江西省区域地质志，中华人民共和国地质矿产部地质专报，一. 区域地质，第 2 号. 北京：地质出版社

江西省地质矿产厅. 2008. 江西省岩石地层. 武汉：中国地质大学出版社

金淳泰，万正权，陈继荣. 1997. 上扬子地区西北部志留系研究新进展. 特提斯地质，21：142～181

金淳泰，万正权，叶少华等. 1992. 四川广元、陕西宁强地区志留系. 成都：成都科技大学出版社. 1～97

金淳泰，叶少华，江新胜等. 1989. 四川二郎山地区地层古生物. 成都地质矿产研究所所刊，11：1～224

赖才根，朱夔玉. 1986. 四川广元早志留世肿角石类头足类. 地层古生物论文集，15：40～72

林宝玉，郭殿珩，汪啸风等. 1984. 中国的志留系，中国地层 6. 北京：地质出版社. 1～245

林宝玉，苏养正，朱秀芳等. 1998. 中国地层典，志留系. 北京：地质出版社. 1～104

戎嘉余，王怿，黄冰. 2017. 第三节志留系，第二章下古生界. 见：中国地层委员会主编. 中国地层. 北京：地质出版社

戎嘉余，王怿，张小乐. 2012. 追踪地质时期的浅海红层——以上扬子区志留系下红层为例. 中国科学（D 辑）：地球科学，42（6）：862～878

四川省地质矿产局. 1991. 四川省区域地质志，中华人民共和国地质矿产部地质专报，一. 区域地质，第 23 号. 北京：地质出版社.

四川省地质矿产局. 1997. 四川省岩石地层. 武汉：中国地质大学出版社

唐鹏，黄冰，王成源，徐洪河，王怿. 2010. 四川广元志留系 Ludlow 统的再研究并论车家坝组的含义. 地层学杂志，34（3）：129～142

万晓樵，李国彪，司家亮. 2005. 西藏南部晚白垩世—古新世大洋红层的分布与时代. 地学前缘，2005，12（2）：31～37

汪啸风. 薛子俭，1986. 豫西南早志留世的笔石群. 中国地质科学院院报，（12）：35～49

王成善，胡修棉. 2005. 白垩纪世界与大洋红层. 地学前缘，12（2）：11～21

王成源. 1980. 云南曲靖上志留统牙形刺. 古生物学报，19（5）：369～379

王成源. 1998. 华南志留系红层的时代. 地层学杂志，22（2）：127，128

王成源. 2001. 云南曲靖地区关底组的时代. 地层学杂志，25（2）：440～447

王怿，戎嘉余，徐洪河等. 2010. 湖南张家界地区志留纪晚期地层新见兼论小溪组的时代. 地层学杂志，34（2）：113～126

王怿，张小乐，徐洪河，蒋青，唐鹏. 2011. 重庆秀山志留系小溪组的发现与回星哨组的厘定. 地层学杂志，35（2）：113～121

武振杰，林宝玉，姚建新等. 2015. 鄂尔多斯周缘奥陶纪海相红层的分布与时代. 地球学报，36（5）：659～667

云南省地质矿产局. 1990. 云南省区域地质志，中华人民共和国地质矿产部地质专报，一. 区域地质，第 21 号. 北京：地质出版社

云南省地质矿产局. 1996. 云南省岩石地层. 武汉：中国地质大学出版社

浙江省地质矿产局. 1989. 浙江省区域地质志，中华人民共和国地质矿产部地质专报，一. 区域地质，第 11 号. 北京：地质出版社

中南地区区域地层表编写小组. 1977. 中南地区区域地层表. 北京：地质出版社

钟德宏. 1988. 宜都地区奥陶系与志留系之间的接触关系. 地层学杂志，12（2）：157～159

Guo L, Jiang Z X, Zhang J C, Lin Y X. 2011. Paleoenvironment of Lower Silurian black shale and its significance to the potential of shale gas, southeast Chongqing, China. Energy, Exploration & Exploitation, 29（5）

Holland C H, Bassett M G. 2002. Telychian rocks of the British and China（Silurian, Llandovery

Series）. National Museum of Wales，Geological Series，21：210

Hu X M，Jansa L B，Wang C S，*et al*. 2005. Upper Cretaceous oceanic red beds（CORBs）in Tethys： occurences，lithofacies，age and enviroments. Cretaceous Research，26：3～20

Hu X M，Wang C S，Scott R W，Michael W，Luba J. 2009. Cretaceous Oceanic Red Beds： Stratigraphy，Composition，Origins and Palaeoceanographic and Palaoclimatic Significance. SEPM （Society for Sedmentary Geology），Special Publication，No. 91

Kaljo D，Klaamann E. 1982. Communities and biozones in the Baltic Silurian. Academy of Sciences of the Estonian S S R，Institute of Geology，Tallinn，137

Liu J B，Wang Y，Zhang X D，Rong J Y. 2015. Early Telychian（Silurian）marine siliciclastic red beds in the Eastern Yangtze platform，south China. Distribution on pattern and controlling factors， Canadian Journal of Earth Sciences

Mclauglin P. 2009. Marine red beds in the Upper Ordovician and Lower Silurian of Eastern North America-Record of oceanographic Oxidation events. Geological society of America，41（4）：26

Mu E Z，*et al*，1986. Correlation of the Silurian Rocks of China. The Geological Society of America， Special Paper 202. 80

Palmer D，Siverter D J，Lane P，Woodcock N，Aldridge R. 2000. British Silurian stratigraphy. Geological Conservation Review Series，（19）：542

Pickett J. 1982. The Silurian System in New South Wales. Department of Mineral Resources， Geologcial Survey of New South Wales，Bulletin 29. 264

Rong J Y，Chen X. 2003. Silurian Biostratigraphy of China. In：Zhang W T，Chen P J，*et al*（eds）. Biostratigraphy of China. Beijing：Science Press. 173～236

Rong J Y，Wang Y，Zhang X L. 2012. Tracking shallow marine red beds through geological time as exemplified by the Lower Telychian（Silurian）in the Upper Yangtze Region，South China. Science China：Earth Sciences，55（5）：699～713

Wang C Y，Aldridge R J. 2010. Silurian conodonts from the Yangtze Platform，South China. Special Paper in Palaenotology，83：1～136. The Palaeontological Association，London，2010

Zhao W J，Zhu M. 2015. A review of Silurian fishes from Yunnan，China and related biostratigraphy. Palaeoworld，246：243～250

Zhang X L，Wang Y，Rong J Y，Li R Y. 2014. Pigmentation of the Early Silurian shallow marine red beds in South China as exemplified by the Rongxi Fromation of Xiushan，southeastern Chongqing， Central China. Palaeoworld，23（3-4）：240～251

Ziegler A M，Mckerrow W S. 1975. Silurian marine red beds. American Journal of Science，275：32～56

Chapter Two　　Silurian Marine Red Beds in the Yangtze Platform of China and Its International Correlation

LIN Baoyu，LI Ming and WU Zhenjie

Abstract

Silurian marine Red Beds in the Yangtze Platform are well developed everywhere，and the ages are ranging from the Llandoverian to Pridolian age. In this paper the following problems are discussed.

（1）The sequences of the Silurian marine Red Beds in the Yangtze platform of China are now established. The twelve marine Red Beds（or Groups）are recognized，among them seven are of the Llandoverian age，four are of the Wenlockian to Ludlovian age and one is of the Pridolian age.

The Rhuddanian，Aeronian and Wenlockian marine Red Beds are newly reported（see Table 1）.

（2）These Silurian marine Red Beds are including not only shallow water marine Red Beds，but also hemi-deep water and deep water marine Red Beds.

（3）The correlation of the Silurian marine Red Beds with the British Isles，Western Europe，North America and Australia ones are listed in Table 2.

Table 1　Silurian marine red beds and its characters in the Yangtze platform, China

Series	Stage	Names of Red bed	Number	Lithology	Thickness (m)	Mian fossil zones	the other coeval Red Beds	References
Pridoli		Maoshan Fm. / Zhongjianliang Fm.	12	grayish green, purple red mudstone	16 / 38	*F. kosovensis* / *O. crispas* zone?	Maoshan Fm. (Upper)	Geng et al.; 1997,1999 / Jin et al., 1992
Ludlow		Kuanti Fm. (Upper)	11	11c purple red, greyish green shale	100		Sashuiyan Fm. (Lower)	Jin et al., 1989, 1992
Ludlow		Kuanti Fm. (Middle)		11b purple red, greyish green shale	208	*O. crispas* zone		
Ludlow		Kuanti Fm. (Lower) / Chejiaba Fm.		11a purple red shale	91	*O. snajdri* zone	Chejiaba Fm.	Lin et al., 1984
Ludlow		Yuejiashan Fm. (Upper)	10	yellowish green, purple red shale	20		Yanziping Fm. (Member 4) / Jintaiguan Fm. (Upper)	Lin et al., 1984
Wenlock		Yuejiashan Fm. (Lower) / Huixingshao Fm. (Upper)	9	purple siltstone	79		Caidiwan Fm. (Upper member) / Yanziping Fm. (Member 2)	Lin et al., 1984
Wenlock		Huixingshao Fm. (Lower)	8	dark purple-red siltstone	845		Caidiwan Fm. (Lower member) / Yanziping Fm. (Member 1)	Lin et al., 1984
Llandovery	Telychian	Ningqiang Fm. (Upper)	7	7c greyish purple mudstone	143	*sakmaricus-insectus* zone?	Changyanzi Fm.	Jin et al., 1992
Llandovery	Telychian	Ningqiang Fm. (Middle)		7b dark purple mudstone	84	*spiralis-grandis* zone		
Llandovery	Telychian	Ningqiang Fm. (Lower)		7a purple-red limestone	92	*griestoniensis* zone		
Llandovery	Telychian	Yangpowan Fm.	6	yellowish gray, grayish purple shale	22	*griestoniensis* zone (Lower)		Jin et al., 1992
Llandovery	Telychian	Wangjiawan Fm. / Rongxi Fm.	5	yellowish green, purple-red mudstone	257	*S. crispus* zone?	Rongxi Fm. (Upper)	Jin et al., 1992
Llandovery	Telychian	Cuijiagou Fm.	4	purple-red or light purple shale	20	*S. turriculatus* zone	Rongxi Fm. (Lower) / Shifengya Fm. (Lower)	Jin et al., 1992
Llandovery	Aeronian	Huanggexi Fm.	3	dark purple-red sandstone	0.8	*M. sedgwickii* zone	Longmachi Fm. (Middle) / Gaozhaitian Fm. (Lower) / Chenxiacun Fm.	Lin et al., 1984
Llandovery	Rhuddanian	Zhangwan Fm. (Lower)	2	purple-red mudstone	5	*P. leei* zone	Xiaxiang Fm. (Upper part of Lower member)	Honan Lithostratigraphy
Llandovery	Rhuddanian	Xiaxiang Fm. (Lower)	1	yellowish green, brownish red sandstone	63	*A. acuminatus* zone	Xingkailing Fm. (Upper)	Jiangxi Lithostratigraphy

Table 2　Correlation of the Silurian marine red beds in the Yangtze platform with Abroad

Horizon	District	Name of Red bed		No.	Estonia Latvia Ziegler et al., 1975	Ireland Aldridge et al., 2002	Scotland Aldridge et al., 2002; Palmer et al., 2000	Australia Pickett, 1992	N. America Eastern Mclaughin, 2009; Ziegler et al., 1975
Pridoli		Zhongji-anliang Fm.	Maoshan Fm.	12					
Ludlow		Chejiaba Fm.	Kuanti Fm. Upper	11					
			Middle						
			Lower						
		Yuejiashan Fm.	Upper	10					
			Lower	9					
Wenlock		Huixingshao Fm.	Upper	8					
			Lower						
Llandovery	Telychian	Ningqiang Fm.	Upper	7					
			Middle						
			Lower						
		Yangpowan Fm.		6					
		Wangjiawan Fm.		5					
		Rongxi Fm.	Cuijiagou Fm.	4					
	Aeronian	Huanggexi Fm.		3					
	Rhudda-nian	Zhangwan Fm. (lower)		2					
		Xiaxiang Fm. (lower)		1					
Late Ordovician		Shiyanhe Fm.							